★ 하루 10분 ★
놀이를 통해 다지는 수학 기초

엄마표
수학놀이
100일의
기적

엄마표 수학놀이 100일의 기적

지은이 젠틀맘(신경미), 천종현
펴낸이 임상진
펴낸곳 (주)넥서스

초판 1쇄 발행 2020년 6월 22일
초판 2쇄 발행 2020년 6월 29일

출판신고 1992년 4월 3일 제311-2002-2호
10880 경기도 파주시 지목로 5
Tel (02)330-5500 Fax (02)330-5555

ISBN 979-11-6165-970-1 13410

www.nexusbook.com

하루 10분 ★
놀이를 통해 다지는 수학 기초

엄마표
수학놀이
100일의
기적

젠틀맘(신경미), 천종현 지음

넥서스

최소의 노력으로
최대의 효과를 낼 수 있는
엄마표 수학놀이

아이가 모르는 수학 문제를 물어볼 때 바로 알려줄 수 있는 방법을 찾으시나요?

단순한 놀이를 벗어나 체계적인 유아 학습 놀이를 찾고 계신가요?

엄가다(엄마 노가다)가 아닌 쉽고 간편하게 학습할 수 있는 방법을 찾고 계신가요?

가끔 수학놀이를 하는 것을 보면 초등 교과 연계 없이 그냥 엄마와 아이가 다양한 놀이만 하다가 끝을 내는 경우가 있습니다. "단순히 이렇게 놀기만 한다고 해서 뭐가 될까?", "이제 곧 학교를 가는데 이렇게 해서 될까?"라는 엄마들의 고민을 잘 알기에 수학은 체계적인 놀이 방식에 포인트를 맞춰야 할 필요성이 있었습니다.

이 책에서는 엄마의 최소의 노력으로 최대의 효과를 낼 수 있는 엄마표 수학놀이를 초등교과와 연결하여 체계적인 놀이가 될 수 있도록 하였습니다. 수 세기부터 도형 돌리기까지 초등 저학년에 필요한 모든 것을 놀이로 구성하였습니다.

저 역시 세 아이를 키우는 엄마이다 보니 부족한 시간 속에서 최소한의 노력으로 최고의 효과를 얻는 방법을 원했습니다. 주변에서 흔히 보는 소품들을 가지고도 얼마든지 활용이 가능하고 이를 활용하면 아이에게는 놀이도 되고 또한 창의력까지 길러주게 됩니다. 유아 시기의 아이와 하루 10분 정도의 재미있는 놀이는 아이가 스스로 수학을 하고자 하는 즐거운 마음이 생기게 합니다. 이것은 수학을 재미있게 느끼고, 좋아하는 아이로 키우고 싶은 부모의 마음일 것입니다. 간단하지만 꾸준히 활동을 하게 되면 놀라운 효과를 경험할 수 있는 100일의 기적을 체험하실 것입니다. 이 책을 통해서 아이들 입에서 "수학 재미있어, 수학 또 할래"라는 말이 절로 나오고, 또한 문제집을 잘 이해 못하는 아이들에게 엄마와의 활동이 좋은 길라잡이가 되길 희망합니다.

저자 젠틀맘 (신경미)

유아, 초등학생을 가르치는 일로 시작하여 콘텐츠를 만드는 일을 하게 되면서 아들과 딸은 가장 친근한 연구 대상이었습니다. 그러다 보니 수학으로 많이 놀아주고, 생일 선물도 장난감보다는 수학과 관련된 보드게임을 사주었고, 아이들은 자연스럽게 엄마, 아빠와 수학놀이를 다양하게 접하게 되었습니다. 지금은 중학생인 큰 아이가 초등학교 1학년 생일에 저에게 했던 말은 평생 잊을 수 없습니다. 생일 선물로 받고 싶은 것을 물었더니 "우리 집에는 공부하는 것 같은 느낌이 드는 보드게임만 많아. 공부하고 상관없는 장난감을 받고 싶어."라고 답했습니다. 저의 직업이 학습지를 개발하는 일을 하지만 부모님과 함께 생각하는 수학놀이가 학습지보다 낫다고 믿습니다. 학습지는 일방통행과 같은 방법이라면 교구활동 수학은 흥미를 유지하며 스스로 교육에 참여하도록 하는 방법입니다. 아이가 어려워하면 조건을 바꾸거나 시기를 조정하여 내 아이에게 맞는 교육을 할 수 있을 뿐 아니라, 다양한 확장이 가능하기 때문에 창의적인 교육이 되기도 합니다.

이 책이 좋은 학습지나 보드게임 이상의 길잡이가 되길 바랍니다. 수학 교육을 어렵게 생각하는 학부모도 쉽고 재미있게 수학놀이를 접하길 바랍니다. 생활 속 소재를 교구 삼아 수학 공부를 하다 보면 어느새 아이도 엄마도 창의적인 사고를 할 것입니다. 책에 있는 내용을 다양하게 변형해 보고, 아이에게 "왜?", "어떻게?"와 같은 질문을 많이 하면 학습 효과는 배가될 것입니다. 무엇을 가르쳐준다고 생각하지 말고, 함께 생각하고, 놀아준다고 생각해 주세요. 아이의 첫 수학 선생님은 바로 엄마, 아빠입니다.

저자 천종현

창의력과
연산력을 키워주는
일상 속 엄마표 수학놀이

이 책의 구성 및 특징

① 교육부에서 제시한 교과과정과 연계된 87가지 수학 놀이에 대해 소개합니다. 주위에서 쉽게 볼 수 있는 교구를 활용하여 아이와 엄마/아빠가 하루 10분씩 수학 놀이를 하다 보면 창의력과 연산력을 키울 수 있습니다.

DAY 001 같은 수 찾기

숫자의
모양과 순서

매일 보는 달력을 이용하는 것은 일상의 많은 것이 수와 관련이 있음을 알고, 생활 속에서 알게 된 수와 숫자로 나타내는 수의 관계를 익힐 수 있는 장점이 있습니다. 이번 놀이에서는 안 쓰는 달력에서 자른 숫자를 달걀판에 순서대로 놓으며 읽는 방법을 배울 거예요. 이때 달력의 수를 그대로 읽으면 수 읽기와 순서 알기만 학습할 수 있지만, 달걀판에 5개씩 구분하여 놓으면서 수를 구조화하고 수와 양의 관계를 자연스럽게 배울 수 있게 됩니다. 수와 양의 관계는 뒤에 달걀판을 이용한 놀이에서 더 자세히 다룰 거예요.

준비물 달력 수 1~10 2세트(안 쓰는 달력의 수 1~10을 잘라서 만드세요), 10구 달걀판 2개

② 놀이에 필요한 준비물은 일상생활에서 쉽게 구할 수 있는 것 위주로 구성하여 따로 교구를 구매할 필요 없이 간단하게 준비가 가능합니다.

③ 학습의 과정을 좀 더 쉽게 이해할 수 있도록 직접 만든 교구를 활용하는 예시를 볼 수 있습니다.

❶

이렇게 학습해 보세요.

단계별로 쉽게 설명된 놀이 방법과 사진을 통해 학습의 순서를 한눈에 볼 수 있습니다.

❷

이렇게 지도해 보세요.

학습하는 놀이가 초등학교 교과과정과 어떻게 연계되는지 확인하며, 어떤 방식으로 지도해야 하는지 가이드를 제시합니다. 그리고 수학 개념을 더 확장할 수 있는 다양한 팁을 제공합니다.

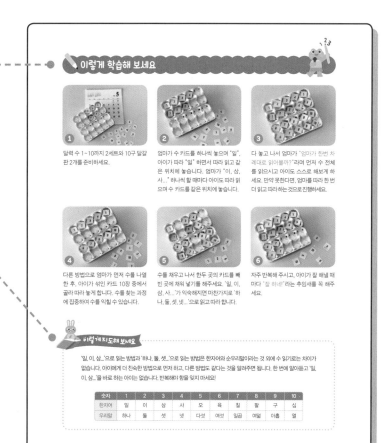

이렇게 학습해 보세요

① 달력 수 1~10까지 2세트와 10구 달걀판 2개를 준비하세요.

② 엄마가 수 카드를 하나씩 놓으며 "일", 아이가 따라 "일" 하면서 따라 읽고 같은 위치에 놓습니다. 엄마가 "이, 삼, 사..." 하나씩 할 때마다 아이도 따라 읽으며 수 카드를 같은 위치에 놓습니다.

③ 다 놓고 나서 엄마가 "엄마가 한번 차례대로 읽어볼까?"라며 먼저 수 전체를 읽으시고 아이도 스스로 해보게 하세요. 만약 못한다면, 엄마를 따라 한 번 더 읽고 따라하는 것으로 진행하세요.

④ 다른 방법으로 엄마가 먼저 수를 나열한 후, 아이가 섞인 카드 10장에서 골라 따라 놓게 합니다. 수를 찾는 과정에 집중하여 수를 익힐 수 있습니다.

⑤ 수를 채우고 나서 한두 곳의 카드를 빼 빈 곳에 채워 넣기를 해주세요. '일, 이, 삼, 사...'가 익숙해지면 마찬가지로 '하나, 둘, 셋, 넷...'으로 읽고 따라 합니다.

⑥ 자주 반복해 주시고, 아이가 잘 해낼 때마다 "잘 하네"라는 추임새를 꼭 해주세요.

이렇게 지도해 보세요

'일, 이, 삼...'으로 읽는 방법과 '하나, 둘, 셋...'으로 읽는 방법은 한자어와 순우리말이라는 것 외에 수 읽기로는 차이가 없습니다. 아이에게 더 친숙한 방법으로 먼저 하고, 다른 방법도 같다는 것을 알려주면 됩니다. 한 번에 알아듣고 '일, 이, 삼...'을 바로 하는 아이는 없습니다. 반복해야 함을 잊지 마세요!

숫자	1	2	3	4	5	6	7	8	9	10
한자어	일	이	삼	사	오	육	칠	팔	구	십
우리말	하나	둘	셋	넷	다섯	여섯	일곱	여덟	아홉	열

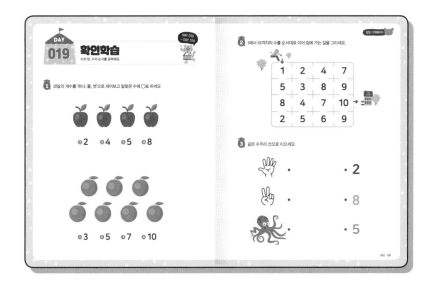

확인학습

챕터마다 학습한 내용을 복습하는 확인학습이 있습니다. 다양한 유형의 문제를 풀어보면서 엄마와 함께 놀이로 배웠던 내용을 확인하고 복습할 수 있습니다.

차례

엄마표
수학놀이
100일의 기적
시작해 볼까요?

DAY
001
같은 수 찾기

매일 보는 달력을 이용하는 것은 일상의 많은 것이 수와 관련이 있음을 알고, 생활 속에서 알게 된 수와 숫자로 나타내는 수의 관계를 익힐 수 있는 장점이 있습니다. 이번 놀이에서는 안 쓰는 달력에서 자른 숫자를 달걀판에 순서대로 놓으며 읽는 방법을 배울 거예요. 이때 달력의 수를 그대로 읽으면 수 읽기와 순서 알기만 학습할 수 있지만, 달걀판에 5개씩 구분하여 놓으면서 수를 구조화하면 수와 양의 관계를 자연스럽게 배울 수 있게 됩니다. 수와 양의 관계는 뒤에 달걀판을 이용한 놀이에서 더 자세히 다룰 거예요.

준비물 달력 수 1~10 2세트(안 쓰는 달력의 수 1~10을 잘라서 만드세요), 10구 달걀판 2개

이렇게 학습해 보세요

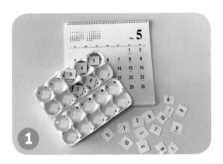

① 달력 수 1~10까지 2세트와 10구 달걀판 2개를 준비하세요.

② 엄마가 수 카드를 하나씩 놓으며 "일", 아이가 "일" 하면서 따라 읽고 같은 위치에 놓습니다. 엄마가 "이, 삼, 사…" 하나씩 할 때마다 아이도 따라 읽으며 수 카드를 같은 위치에 놓습니다.

③ 다 놓고 나서 엄마가 "엄마가 한번 차례대로 읽어볼까?"라며 먼저 수 전체를 읽고 아이도 스스로 해 보게 하세요. 만약 못한다면, 엄마를 따라 한 번 더 읽고 따라하는 것으로 진행하세요.

④ 다른 방법으로 엄마가 먼저 수를 나열한 후, 아이가 섞인 카드 10장 중에서 골라 따라 놓게 합니다. 수를 찾는 과정에 집중하여 수를 익힐 수 있습니다.

⑤ 수를 채우고 나서 한두 곳의 카드를 빼 빈 곳에 채워 넣기를 해주세요. '일, 이, 삼, 사…'가 익숙해지면 마찬가지로 '하나, 둘, 셋, 넷…'으로 읽고 따라 합니다.

⑥ 자주 반복하고, 아이가 잘 해낼 때마다 "잘 하네!"라는 추임새를 꼭 해 주세요.

이렇게 지도해 보세요

'일, 이, 삼…'으로 읽는 방법과 '하나, 둘, 셋…'으로 읽는 방법은 한자어와 순우리말이라는 것 외에 수 읽기로는 차이가 없습니다. 아이에게 더 친숙한 방법으로 먼저 하고, 다른 방법도 같다는 것을 알려 주면 됩니다. 한 번에 알아듣고 '일, 이, 삼…'을 바로 하는 아이는 없습니다. 반복해야 함을 잊지 마세요!

숫자	1	2	3	4	5	6	7	8	9	10
한자어	일	이	삼	사	오	육	칠	팔	구	십
우리말	하나	둘	셋	넷	다섯	여섯	일곱	여덟	아홉	열

DAY 002 빠진 수 찾기

Day 001과 같이 엄마를 따라 하는 것이 아니라, 아이들 머리에서 리마인드하는 반복 심화 놀이입니다. 단순히 따라 하는 놀이는 아이들이 금방 흥미를 잃습니다. 아이들이 스스로 생각하는 놀이로 진화하여 오래 기억하게 해 주고, Day 003에서 나올 '순서대로 나열하기'로 연결합니다. 아이 스스로 알아볼 수 있도록 사고의 시간을 충분히 주는 것이 좋습니다.

준비물 10구 달걀판 1개, 하드 막대 20개(숫자 스티커를 붙여 주세요.), 숫자 스티커(1~10)

이렇게 학습해 보세요

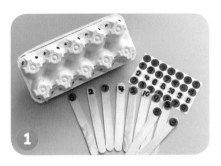

1

10구 달걀판 1개와 하드 막대 10개, 숫자 스티커를 준비합니다.

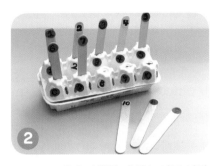

2

Day 001에서 진행한 매칭 놀이를 이번에는 달걀판에 붙은 숫자 스티커에 맞게 하드 막대를 꽂는 형태로 한 번 더 진행합니다. 순서 없이 놓인 하드 막대를 찾아 꽂는 것이라 아이들이 숫자에 대해 한 번 더 생각하게 됩니다.

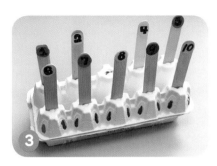

3

아이가 잘 따라 한다면, 숫자 스티커가 없는 새로운 달걀판에 3을 빼고 꽂아 주세요. "엄마가 숨긴 수는 무엇일까?", "엄마는 잘 모르겠어"라며 아이에게 빈 곳의 수 찾기를 혼자 할 수 있도록 요청합니다. 아이가 찾은 수가 3이라면, "아하, 3이었구나!"라며 칭찬해 주세요.

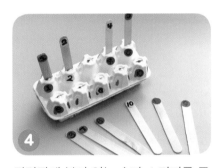

4

달걀판에 붙어 있는 숫자 스티커를 곳곳에서 제거하여 빈 곳을 많이 만들어 주고, 아이가 하나하나 위치를 찾아서 넣으면서 스스로 생각할 수 있도록 합니다. 시간을 충분히 주세요.

5

익숙해지면 스티커가 없는 달걀판에 수 막대만 몇 개 꽂아서, 아이가 빈 곳을 채우게 합니다.

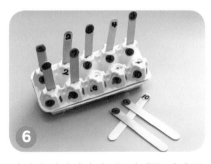

6

아이가 어려워하면, 수 막대를 섞어 두어 아이가 차례로 꽂는 연습으로 이어주세요. 아이가 성공하면 다시 한번 반복하면 좋습니다.

이렇게 지도해 보세요

놀이 학습은 다양한 변형과 응용이 가능합니다. 조건을 변화시키면서 놀이 학습을 하는 것은 아이에게 창의성을 길러줄 수 있습니다. 처음에는 엄마가 다양하게 변형을 시도해 볼 수 있고, 놀이 학습에 익숙해질수록 아이가 직접 변형하고, 문제를 내어 보도록 유도해 준다면 지면 학습에서 얻을 수 없는 창의 수학 교육을 할 수 있습니다. Day 002는 변형 놀이 학습의 시작이라고 할 수 있습니다. 이 책의 활동을 하나하나 따라 하다 보면 엄마도 요령이 생겨서 하나의 활동에서 다양한 변형과 응용이 가능할 겁니다.

DAY 003

수 차례대로 놓기

첫 수학 공부에서 수 인지는 머릿속에서 이미지화할 수 있는 연습이 좋습니다. **Day 001**에서 달력의 수를 사용하여 순서대로 나열하는 연습을 하다 보면 달걀판과 함께 이미지화하게 됩니다. 숫자를 순서대로 나열하는 것은 수의 규칙을 자연스레 익히는 부분이라 중요합니다. **Day 002**에서 빠진 수를 스스로 찾다 보면 수의 순서를 반복적으로 익힐 수 있었습니다. 이제 달걀판을 빼고 달력의 수를 순서대로 나열하도록 해 주세요. 아이가 엄마를 따라 나열하다가 혼자 하게 되면 처음에는 이미지된 기억을 끌어내느라 오랜 시간이 걸릴 수 있으니 기다려 주세요.

준비물 달력 수 1~10 2세트

①

달력 수 1~10을 2세트 준비해 주세요.

②

Day 001에서 진행한 수 매칭 놀이를 바닥에서 한 번 더 진행하세요. 아이가 어려워한다면 자주 반복하는 게 좋습니다.

③

엄마가 먼저 1~10까지 모두 나열하여 보여 주고 아이가 따라서 다 놓을 때까지 기다려 주세요.

④

아이가 익숙해지면, 달력 수 2세트를 마구 섞어 주세요. 아이와 엄마가 각각 달걀판 없이 수를 순서대로 나열해 보세요.

⑤

엄마가 카드를 다 놓다가 하나를 놓쳐 주세요. 그리고 아이에게 "엄마는 여기에 뭐가 오는지 모르겠네"라며 뒤에 오는 수를 찾게 동기 부여를 해 주세요. 무작정 따라 하던 수 나열이 생각하는 힘 키우기로 바뀌게 됩니다.

⑥

아이가 수를 놓고 엄마가 따라 나열하는 놀이도 해 주세요. 주체가 누구냐에 따라 놀이는 달라질 수 있습니다. 엄마는 아이를 따라 나열하면 됩니다.

이렇게 지도해 보세요

수는 크게 나누어 집합수, 순서수, 이름수의 의미로 사용됩니다.
- 집합수: 한 개, 두 개, 3 cm 등 사물의 개수나 양을 나타내는 수
- 순서수: 첫째, 둘째, 셋째 등 순서를 나타낼 때 사용하는 수
- 이름수: 전화번호, 우편번호, 교통수단, 노선 번호 등 이름을 대신하여 식별을 위한 수

수의 의미는 수 읽기와 관련 있습니다. 보통 이름수는 대부분 '일, 이, 삼'으로, 집합수와 순서수는 '하나, 둘, 셋'으로 읽습니다. 하지만 반드시 그런 것은 아니고 상황과 단위에 따라 다르니 상황에 맞게 수 세기를 가르쳐 주세요. 개수를 셀 때는 '한 개, 두 개, 세 개', 건물의 층은 '일 층, 이 층, 삼 층', 순서는 '첫째, 둘째, 셋째' 등 상황에 맞게 배우면 됩니다.

DAY
004

숫자의
모양과 순서

숨은 수 맞히기

순서대로 나열하는 방법을 배웠다면, 이번에는 아이들의 머리에 순서가 명확하게 자리 잡게 하는 놀이라 생각하면 좋아요. Day 002에서는 단순히 하나의 수를 찾는 것이었다면 이번에는 난이도가 훨씬 높은, 무작위로 나오는 수들 사이사이를 채워 나가는 것이랍니다. 무작위로 나오는 것 자체가 아이들에겐 엄청 혼란스럽습니다. 하지만 수의 순서를 한 번 더 깊게 생각할 수 있는 시간이기에 꼭 필요하답니다. 오랜 시간이 걸릴지도 모릅니다. 아이에 맞게 흥미를 잃지 않도록 제시하는 수의 개수를 정하는 게 좋습니다.

준비물 수 막대(숫자 스티커를 붙인 하드 막대)

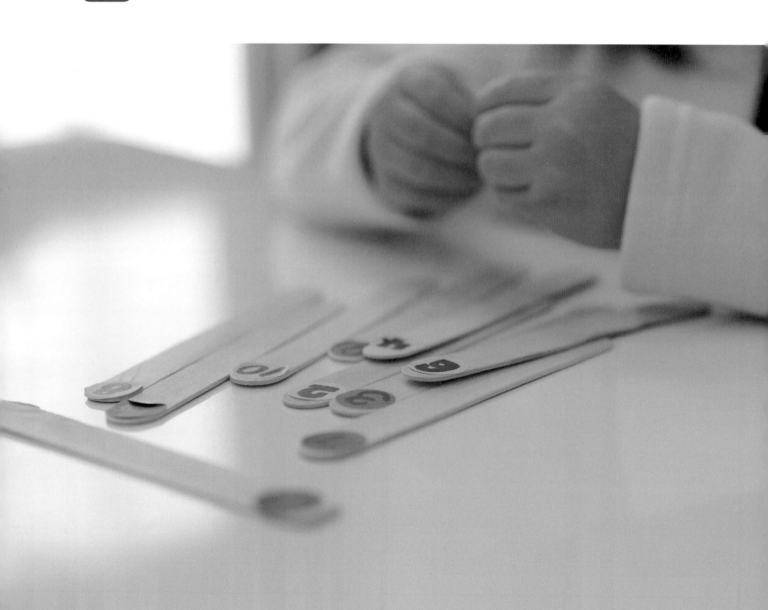

이렇게 학습해 보세요

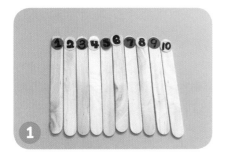

1

Day 002에서 활용한 1에서 10까지의 수 막대를 차례대로 나열해 주세요.

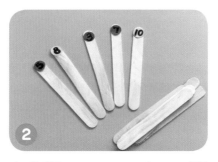

2

수 막대를 3, 5, 8, 7, 10 정도로 5개를 뒤집어 주세요. 아이가 어린 경우에는 뒤집는 수 막대의 개수를 줄여서 해 보세요.

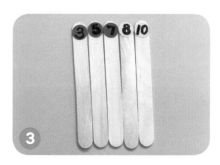

3

엄마가 뒤집고 아이가 숫자 크기 순서대로 나열하게 해 주세요. "우리 수 막대를 숫자가 작은 것부터 차례로 줄 세워 볼까?" 하고 아이가 숫자 순서대로 나열하게 해 주세요.

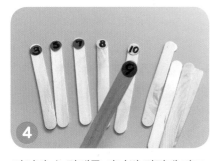

4

아이가 수 막대를 하나씩 뒤집게 하고, 뒤집은 카드가 9이면 "9는 어디에 들어갈까?" 하고 물어봅니다. 아이가 잘한다면 다른 막대를 뒤집어 자리 찾기 놀이를 하면 됩니다.

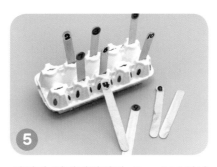

5

아이가 어려워한다면, Day 002에서 사용한 달걀판을 두고 꽂게 하면 됩니다. 달걀판에서는 10이라는 규칙이 정해져 있어서 아이들이 찾기가 쉽습니다.

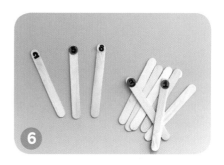

6

아이들은 1부터 수를 세지만, 보이지 않는 수를 상상하여 세도록 합니다. 잘하게 되면 처음 시작하는 수의 개수를 줄입니다. 2, 5, 8 사이의 수 채우기를 해 보세요.

 이렇게 지도해 보세요

수 세기를 잘해 놓으면 덧셈, 뺄셈 학습의 시작이 수월합니다. 덧셈은 수를 똑바로 세면서 구하고, 뺄셈은 수를 거꾸로 세면서 구하기 때문입니다. 처음 배울 때는 작은 수의 뺄셈인데도 어려워하는 이유가 거꾸로 세기는 익숙하지 않기 때문입니다. 덧셈, 뺄셈을 배우기 전에 수의 순서를 익히는 과정에서 순서대로 수 세기, 거꾸로 수 세기를 충분히 해 주세요.

DAY 005

숫자의 모양과 순서

짝 맞추기

수를 인지하고 순서대로 나열하는 것은 처음에는 신기할 수 있지만 지속적인 재미를 줄 수 없어요. 학습과 놀이의 연계는 아이들에게 집중력과 승부욕을 불러 일으켜 수 인지 과정을 재미있게 해 줍니다. 달력 수 2세트를 뒤집어서 같은 수를 찾는 메모리 게임입니다. 특별한 훈련을 받지 않고도 누구나 할 수 있는 두뇌 활동이기도 하고, 수 인지를 복습할 수 있는 재미가 가득한 활동이랍니다. 엄마가 언제나 고민하는 센스를 발휘해 주세요.

준비물 1~10 달력 수 2세트

이렇게 학습해 보세요

1

Day 003에서 진행한 순서대로 나열하기를 한 번 더 하면서 스스로 숫자를 배열하게 하여 수 감각을 일깨워 줍니다. 아이가 놓아주는 수 나열을 엄마가 따라서 해보는 것도 좋습니다.

2

수 카드 2세트를 뒤집으세요. 아이가 마구 흔들 수 있도록 해 주세요. 정리된 것을 어지럽히는 것은 스트레스 해소와 재미를 줍니다.

3

같은 숫자 찾기 놀이를 엄마와 하세요.

4

자기 차례에 2장씩 뒤집어 같은 수 카드가 나오면 자기가 가져가기를 한 차례씩 반복합니다.

5

많이 가져가는 사람이 이기는 게임입니다. 아이들이 무조건 이기는 게임이어야 합니다. 메모리 게임은 집중력에도 도움을 주므로 여러 번 해 보는 걸 권합니다.

이렇게 지도해 보세요

수학 학습이 논리적인 과정으로 이루어지면 아이가 이해를 하는 순간 그것을 잘 해낼 것으로 생각하지만 현실은 그렇지 않습니다. 그 내용을 배울 당시는 잘하는 것 같지만 시간이 지나면 언제 그랬냐는 듯 모르는 척하는 경우가 많습니다. 엄마는 "전에 분명히 가르쳐 준 내용인데" 또는 "전에 잘했던 것인데"라고 하며 아이를 탓하는 경우가 많지만 논리적인 사고의 과정도 기억을 더듬어서 나오게 됩니다. 수를 아는 과정은 감각적인 학습에 가깝습니다. 암기의 과정이라고 하기에는 수가 적용되는 것이 워낙 다양하기 때문에 단순하게 암기했다고 수를 잘 아는 것은 아닙니다. 따라서 단순 암기보다 더 많은 시간이 필요한 학습 과정입니다. 다양한 활동을 통해서 수를 익히고 많이 반복해 주세요. 그것이 엄마표 수학의 힘입니다.

DAY 006

숫자의
모양과 순서

클레이로 숫자 놀이

눈으로만 보는 숫자를 집에 흔하게 있는 면봉이나 이쑤시개로 직접 만들어 보게 하는 놀이입니다. 이런 놀이를 통해 숫자를 스스로 만들어 보면서 쓰기 전에 모양을 정확히 인지하는 연습을 할 수 있습니다. 보고 읽는 것이 아니라 스스로 머리에 숫자 자체를 이미지화시키는 부분에서 아주 중요하답니다. 이런 과정이 없이 숫자를 쓰는 단계로 바로 가면 대칭으로 이상하게 쓰는 경우가 종종 있지요. 이런 놀이는 하다 보면 숫자를 적는 데 헷갈리는 부분을 막아주고, 사고력 문제에서 자주 출제되는 '자리 옮겨 다른 숫자 만들기'도 맛보는 기회가 됩니다.

준비물 달력 수 1~10, 클레이

1 1~10까지의 달력 수를 마구 흔들어서 뒤집어 둡니다. 그러고 나서 아이가 하나씩 뒤집게 해 주세요.

2 아이가 뒤집은 숫자를 엄마가 "어떻게 하면 이 숫자와 똑같이 만들 수 있지? 같이 만들어볼까?"라며 클레이로 해당하는 수를 같이 만들어 보세요.

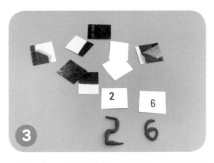

3 계속해서 달력 수를 뒤집으며 다양한 수를 만들어 보세요.

4 달력 수를 뒤집을 때마다 수의 크기 순서대로 놓게 하고, 그 수를 만들게 합니다.

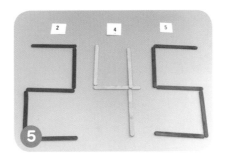

5 어린아이의 경우, 몸 또는 손가락으로 표현해 보는 것이 정말 좋습니다. 또한 집에 있는 막대나 빨대를 이용해서도 만들어 보세요.

6 다양한 숫자를 만들어 보고, 아이들이 헷갈려 하는 2와 5를 자주 만들게 하면 좋습니다.

이렇게 지도해 보세요

숫자 모양을 따라서 만드는 활동이기 때문에 여러 가지 방법으로 숫자를 만들 수 있습니다. 먼저, 아이들이 자유롭게 만드는 숫자 모양을 존중해 주시고, 만들기에 참여해 주세요. 다음으로 집에서 디지털 숫자가 사용된 경우가 있다면 그것을 관찰해도 좋고, 핸드폰으로 디지털 숫자를 찾아서 보아도 좋습니다. 아이가 알고 있던 숫자 모양과 다른 모양으로 표현한 숫자를 관찰해 주세요. 마지막으로 관찰해 본 다른 모양의 숫자도 만들어 보세요. 먼저 관찰하고 따라 하게만 한다면 따라서 만들기밖에 안 됩니다. 아이 스스로 창의력을 발휘하여 만들 수 있도록 먼저 해 볼 기회를 주세요.

DAY 007

숫자의 모양과 순서

신문 속 숫자 찾기

놀이로 아이들과 숫자 찾기를 하시면 아이들이 주변을 살필 때 자기가 아는 숫자를 보게 되고, 수에 대한 관심과 이야깃거리도 늘어납니다. 지나가는 차 번호판 읽기도 되고, 간판의 전화번호도 읽게 되고, 주변의 수들에 관심을 가지는 숫자 찾기 놀이가 되는 거죠. 지면으로만 만나는 숫자가 아닌 주변을 보면서 하는 놀이이므로 아이의 눈높이에 딱 맞고 다른 수에 대한 관심의 확대도 가져올 수 있는 놀이입니다. 숫자 찾기 놀이로 아이들의 관심이 확대되는 걸 느낄 겁니다.

준비물 집에 있는 잡지나 신문 또는 동화책

이렇게 학습해 보세요

1

집에 있는 배달 잡지 또는 동화책을 선택해 주세요.

2

숫자가 제일 많아 보이는 광고지에서 엄마가 "숫자 9를 찾아볼까?"라고 하세요.

3

그리고 아이가 스티커나 동그라미를 칠하게 하여 몇 개나 있는지 확인하게 해 보세요.

4

이번에는 엄마랑 각각 한 장씩 가지고 숫자 2 찾기를 합니다. 많이 찾으면 승리하는 거죠.

5

이런 식으로 숫자를 다양한 방면에서 볼 수 있도록 유도해 주셔야 합니다.

이렇게 지도해 보세요

방송에 외국인 엄마와 한국인 엄마의 교육관의 차이를 살피는 실험이 나온 적이 있습니다. 아이가 지능 테스트를 보러 왔는데 아이와 엄마를 한 방에 단둘이 두고 카메라로 살피는데 외국인 엄마는 아이가 푸는 문제를 애써 외면하며 모르는 척하고 눈길을 주지 않았습니다. 반면 많은 한국인 엄마는 눈으로 함께 풀면서 틀린 문제를 다시 해 보라는 경우, 아예 가르쳐 주는 경우 등 아이와 시험지에서 눈을 떼지 못하고 아이에게 관여하고 있었습니다. 학습 전반적으로 이런 부모의 행동이나 잘 못한다고 화를 내는 것은 아이의 자존감에 상처를 줄 수 있습니다. 항상 스스로 해 볼 수 있도록 지켜봐 주세요. 도움을 요청할 때 도움을 주면 됩니다.

DAY 008

생활 속 숫자 찾기

수학에 대해서 학습적인 측면으로만 접근하면 아이들은 거부감이 생깁니다. 재미가 없기 때문입니다. 아이들과 함께 놀며 학습해야 합니다. 놀이가 학습인 걸 모르게 재미있고 다양하게 수를 접하게 하는 게 최고의 방법입니다. 창의력이나 사고의 유연성은 주어진 교구에서 만들어지는 게 아닙니다. 아이의 눈높이에 맞는 놀이를 통해 수학이 재미있다는 사실을 전할 수 있습니다. 이번에는 계산기를 이용한 활동입니다. 엄마가 수를 부르고, 아이가 찾는 놀이입니다. 단순하면서 아이가 어느 숫자를 아는지, 모르는지 정확하게 알 수 있는 놀이입니다.

준비물 계산기 또는 핸드폰

1

집에 있는 계산기를 준비해 주세요. 계산기가 없으면 핸드폰을 이용해도 좋습니다.

2

엄마와 아이가 함께 계산기를 보며 수 배열을 확인합니다. 엄마가 숫자를 차례대로 불러주고, 아이가 이를 찾아보는 연습을 합니다.

3

엄마가 종이에 적어둔 수를 보여주며 아이가 수 배열에서 찾아 누르게 합니다. 수를 찾아 누르는 것은 간단하지만 아이들에게는 집중력을 요하는 부분입니다.

4

엄마가 "이번에는 엄마가 부를 테니 눌러줘?" 하고 가족들의 전화번호나 생일 등을 부릅니다. 규칙적인 수가 아니므로 천천히 찾아도 된다고 해 주세요. 간편하게 지워지니 아이들에게 부담이 되지 않습니다.

5

아이들의 빠른 수 인지를 돕는 데 큰 역할을 하니 여러 번 반복해 주세요.

이렇게 지도해 보세요

수학은 과제 집착력이 함께할 때 발전할 수 있습니다. 과제 집착력은 당연히 학습에 대한 자존감이 높은 아이들이 가지고 있습니다. 수학은 범위가 워낙 넓기 때문에 모두 기억에 의존할 수 없는데, 기억을 넘어설 수 있는 힘이 과제 집착력에서 나오게 됩니다. 아이들의 과제 집착력을 키우는 가장 좋은 방법은 '기다려 주기'와 '칭찬해 주기'입니다.

확인학습

숫자의 모양과 순서를 학습해요.

 1 이상한 수를 찾아 ◯표 해 보세요.

4	3	9	7
❶	❷	❸	❹

❶   ❷   ❸   ❹

정답: 214페이지

 2 빈 곳에 들어갈 수를 찾아 ◯표 해 보세요.

❶ 9 ❷ 8 ❸ 4 ❹ 6

❶ 5 ❷ 4 ❸ 2 ❹ 7

 3 같은 수끼리 선으로 이어 보세요.

DAY 010

수와 양, 수의 순서

과자로 숫자 놀이

Day 001 ~ Day 008까지 숫자를 인지하는 연습이었다면 이제는 수가 나타내는 양을 알아보는 활동이죠. 여기부터는 아이들의 흥미가 아주 중요합니다. 그래서 아이들이 좋아하는 간식을 이용하면 좋아요. 색이 다양한 시리얼을 선택하면 색 분류도 같이 할 수 있어 일석이조입니다. 수와 양을 일치시키면서 수의 크기도 알게 되고, 이것은 다음에 연산으로 이어지는 중요한 부분이라 많은 시간을 할애해야 합니다.

준비물 10구 달걀판 2개, 과자, 달력 수 1~10

이렇게 학습해 보세요

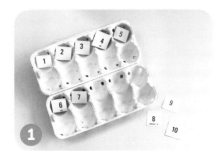

1 달력 수 카드를 Day 003에서 진행한 것처럼 아이 스스로 차례대로 놓도록 합니다.

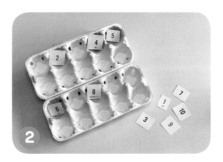

2 엄마가 달력 수를 달걀판 주위에 불규칙하게 놓고, 아이가 사이 수를 찾는 형식으로 다시 한번 진행해 보세요.

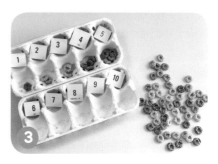

3 수 카드 1에 아이가 좋아하는 과자를 하나 놓으며 "하나"라고 말합니다. 엄마가 "하나, 둘, 셋" 하며 하나씩 할 때마다 아이도 따라 읽습니다.

4 다 놓고 나서 엄마가 "이번엔 엄마가 한 번 차례대로 읽으면서 먹어 볼까?"라고 말해 봅니다. 먼저 "하나" 하면서 하나를 먹습니다. 아이들의 일상생활은 거의 먹을거리와 관련되어 있기 때문에 먹으며 진행하는 것을 잘 따라 합니다.

5 다 한 후에는 아이 혼자서 해당 수에 맞는 과자를 놓게 합니다. 만약 못했다면 아이가 완성할 수 있도록 도와주세요. 만약 해당하는 수에 모자라거나 하며 엄마가 "한 개가 모자라네. 슈웅 ~" 하면서 보태주세요.

6 수에 맞게 해당 과자들이 다 채워졌다면 엄마가 수를 랜덤으로 불러 해당 수의 과자를 먹게 하는 활동으로 해도 좋습니다.

이렇게 지도해 보세요

수와 숫자는 무엇이 다를까요? 숫자는 수를 나타내는 데 사용하는 0, 1, 2, …, 9의 글자를 의미하고, 수는 이것을 포함하여 크기, 양, 순서 등을 나타내는 것을 말합니다. 287은 숫자 2, 8, 7이 만나서 만들어진 수입니다. "소"라는 글자가 글자이자 뜻이 있는 단어인 것처럼 "1"은 숫자이자 하나라는 뜻이 있는 수입니다. 수와 숫자는 다른 개념입니다. 아직 아이가 구분할 필요는 없지만 엄마가 먼저 알아 두세요. 수는 셀 수 없이 많고, 숫자는 0, 1, 2, 3, 4, 5, 6, 7, 8, 9로 10개만 있습니다.

DAY 011 종이컵 돌리기 놀이

비싼 교구로 노는 게 아닌 집에 흔히 있는 것들을 모아 활용하면 아이들의 창의력 또한 늘어납니다. 이번 활동에서는 컵 두 개를 겹쳐서 만들면 되는데요. 한쪽에는 수, 다른 컵에는 도트를 그려 돌려가며 일치시키는 활동으로 쉽게 할 수 있는 놀이입니다. 매번 엄마가 하기보다 아이에게 주어 아이가 돌려가며 일치시킵니다. 엄마는 "6을 찾아 보세요"라는 식의 말만 하세요. 종이컵을 돌리기만 하면 되기에 아이들에게 집중력을 요하는 동시에 재미있게 할 수 있습니다.

준비물 종이컵 2개(한 컵에는 숫자를, 다른 컵에는 도트를 랜덤으로 그려 주세요.)

이렇게 학습해 보세요

① 컵 두 개를 준비해 주세요.

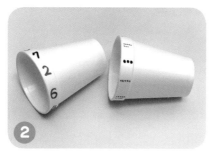

② 하나의 컵에는 숫자를, 다른 컵에는 도 트를 랜덤으로 나열하여 그려 주세요. 도트를 그릴 때는 5개씩 하여 아이들이 직관적으로 알 수 있게 합니다.

③ 엄마가 아이에게 하는 방법을 한 번 보 여주고, 엄마는 "6을 맞춰 주세요", 또는 "8을 맞춰 주세요"라고 요청만 하세요.

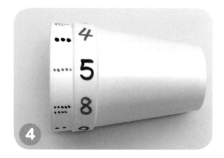

④ 한 번 하고 나면 컵의 순서(도트 컵을 앞, 숫자 컵을 뒤)를 변경해서 찾게 하면 완벽하게 이해가 되겠죠.

⑤ 여러 숫자로 반복해서 활동해 주세요.

이렇게 지도해 보세요

유아 수학에 대해 상담하면서 가장 많이 조언하는 것이 보드게임 등을 이용해서 즐겁게 수학을 접할 수 있도록 하라 는 것입니다. 아이가 엄마와 함께 생활 속의 재료로 직접 만든 교구를 활용한다면 보드게임을 넘어 재미뿐 아니라 창 의력도 키울 수 있는 유아 수학 교육이 됩니다. 창의력 교육이 먼 곳에 있는 것이 아닙니다. 학원에서 문제를 풀고, 값 비싼 교구를 만져보는 것 이상으로 주변의 재료에 수학을 적용해 보고, 그 재료를 변형하거나 특성을 이용하는 활동 을 통해 창의성과 논리성을 기를 수 있습니다.

DAY 012 수 친구들 줄 세우기

수와 양,
수의 순서

아이들이 수의 의미를 알아간다면 앞의 수와 뒤의 수의 차이를 알게 하는 것도 중요합니다. 수에 맞는 과자의 양을 알았다면, 이웃한 수의 차이를 관찰하는 활동을 해 볼 수 있습니다. 10칸 받아쓰기 공책에 엄마가 써 놓은 수에 스티커를 1개씩 늘어놓도록 하면 아이들이 스스로 하나씩 커지는 수의 규칙을 자연스럽게 보게 됩니다. 뭉텅이로 그냥 세기만 하던 것을 펼쳐 보면서 아이들의 인식은 또 한 번 변할 수 있습니다. 이때 5를 기준으로 선을 그어 두어, 5씩 모아서 수를 구분하도록 해 주세요. 같은 방법으로 수를 반복하면 5보다 큰 수도 빨리 알 수 있습니다.

준비물 스티커, 10칸 공책

① 스티커와 10칸 공책을 준비해 주세요. 가로 10개, 세로 10개의 칸으로 준비하고 끝 부분에 1~10까지의 수를 씁니다.

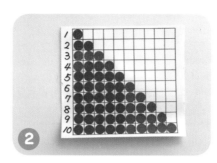

② 엄마가 "우리 줄 서기 놀이해 볼까?" 또는 "엄마가 써둔 수에 맞게 공책 위에 스티커를 붙여 볼까?"라고 하면서 아이에게 스티커를 주고 열 개까지 스티커를 붙여 보게 합니다.

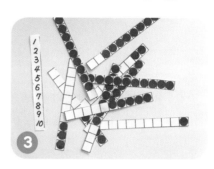

③ 아이가 다 나열하면 아이와 살펴보고, 먼저 숫자 부분만 따로 오리고, 스티커 영역은 가로로 오려 주세요.

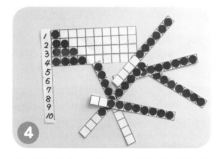

④ 아이에게 흩어진 스티커를 수에 맞게 찾아서 다시 배열해 보라고 요청해 보세요.

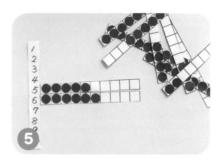

⑤ "숫자 6이 숫자 5의 스티커보다 1개 많구나"라며 앞뒤 수의 변화를 살펴보게 합니다.

⑥ "그럼 숫자 10은 숫자 8의 스티커보다 몇 개 많을까?"라며 아이가 생각해 볼 수 있는 질문을 해도 좋습니다.

이렇게 지도해 보세요

이 과정이야말로 덧셈의 시작입니다. 유아 수학의 더하기 1은 '1만큼 더 큰 수', '1 다음 수'의 개념으로 시작하는 것이 눈높이 교육입니다. 〈+1〉, 〈+2〉, 〈+3〉으로 기호를 먼저 배우고, 추상적인 개념으로 무한 반복하면서 규칙을 익히는 공부는 결코 바람직하지 않습니다. 더하기의 상황, 빼기의 상황을 연출하여 아이와 대화하듯 많고 적음을 비교하는 활동은 개념이 탄탄한 유아 수학입니다. 더하기라는 말을 하지 않아도 2보다 1 큰 수가 3이라는 것을 구체물을 통해서 이해한다면 이후에 수월하게 연산을 공부할 수 있습니다.

DAY 013

수를 5씩 묶어 세기

5를 기준으로 하여 나누어 수 세기를 하면 한 자리 수의 연산들이 자유로워질 수 있어요. 직관적으로 5를 보고 그 뒤의 수를 연결해서 셀 수 있는 연습이기도 하고, 아이들이 양을 보고 수로 바로 연결해 내는 연습이 되기도 합니다.

준비물 하드 막대, 고무줄

1 하드 막대와 고무줄을 준비해 주세요.

2 하드 막대를 10이 넘지 않는 수만큼 펼친 후 아이가 세어 보게 합니다.

3 엄마가 하드 막대 5개를 고무줄로 묶고, 아이에게 남은 막대를 6부터 세어 보라고 해 주세요.

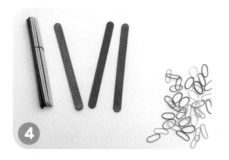

4 엄마가 다시 하드 막대를 펼치고, 아이가 5개를 묶어서 세어 보는 연습을 합니다.

5 엄마가 "5보다 1개 많은 수는 무엇일까?", "6은 다섯 개에서 몇 개가 많은 걸까?"와 같은 질문을 해 주세요. 그리고 하드 막대로 양을 매칭하게 해 보세요.

이렇게 지도해 보세요

처음 수를 알게 되는 아이는 3까지의 수는 직관적으로 셀 수 있지만 3이 넘어가는 수는 하나하나 세어야 합니다. 시간이 조금 더 지나면 5까지의 수는 한눈에 셀 수 있습니다. 5가 넘어가는 수를 한눈에 세는 것은 시간이 한참 필요합니다. 규칙 없이 모여 있는 5가 넘어가는 수는 어른도 한눈에 세기가 힘들죠. 5씩 모아서 수를 구조적으로 반복하여 노출해 주면 5까지의 수, 그리고 5를 넘어가는 수를 익히고 세는 데 도움이 됩니다.

DAY 014 레고로 숫자 놀이

수와 양, 수의 순서

아이들과 매일 먹을거리로 수 놀이를 할 수는 없어요. 아이들의 생각을 넓혀주기 위해서 다양한 것들이 수와 관계있다는 것을 알려줘야 해요. 이제는 도트가 표시된 물건과 숫자를 일치시키는 활동이에요. 도트는 5개씩 묶어두면 5 이후의 수를 생각하기 쉽습니다. 마구 찍게 되면 아이들이 작은 점을 하나하나 세어 보아야 하고 규칙이 눈에 보이지 않기 때문에 묶어서 연습을 하다 보면 10 만들기와 가르기, 모으기, 덧셈, 뺄셈에도 도움이 되니 수양 일치 놀이는 자주 반복해야 합니다.

준비물 10구 달걀판, 레고 20개(하나에는 수를, 다른 색에는 해당 도트를 그립니다.)

✏️ 이렇게 학습해 보세요

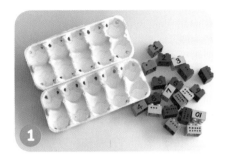

1 10구 달걀판과 색깔별로 2세트씩 총 10세트의 레고를 준비합니다.(세트별로 각각 수와 해당하는 수의 도트를 그립니다.)

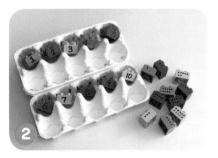

2 엄마가 숫자를 적어 둔 것을 주면서 "순서대로 나열해 보자"라고 하고 기다려 주세요.

3 아이가 눈으로 도트를 세면서 수에 매칭할 수 있게 합니다.

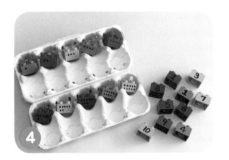

4 엄마가 도트가 그려진 것을 주면서 "순서대로 나열해 보자"라고 하고 기다려 주세요.

5 도트에 해당하는 수를 매칭할 수 있게 합니다.

6 매칭이 끝났다면 순서대로 읽으면서 레고를 쌓아서 비교해 주세요. 5를 넘어가는 수에서 "하나, 둘, 셋, 넷, 다섯, 여섯", "여섯은 다섯에 한 개가 많은 거네"라며 규칙을 자주 말해 주세요.

이렇게 지도해 보세요

5~6세의 아이에게 손가락으로 5와 2를 펼치고 세어 보라고 하면 처음부터 1, 2, 3, 4,… 로 세어 7이라고 합니다. 바로 이어서 5와 3을 펼치고 세어 보라고 하면 어떨까요? 보통은 7 다음은 8이라고 하지 않고 또다시 1부터 세기 시작합니다. 작은 수가 익숙해지면 7을 세는데 5를 강조하고, 5부터 세도록 해 보세요. 반복적으로 해 주면 수 세기도 빨라진답니다. 한눈에 수를 센다는 것은 결국 수 세기를 넘어 가르기, 모으기를 할 수 있다는 것이고, 덧셈, 뺄셈이 가능해진다는 것입니다. 수를 인지하고, 수 세기를 하는 것이 곧 어린아이들의 눈높이 연산입니다.

빠진 수 찾기

수와 양,
수의 순서

Day 010에서 진행한 수양 일치를 리마인드하는 놀이입니다. 단순히 따라 하는 놀이는 아이들이 금방 흥미를 잃습니다. 아이들이 스스로 생각하는 놀이로 진화해야 오래 기억하게 된답니다. 수와 바둑알을 매칭시키면서 중간에 바둑알을 빼 두세요. 그리고 빠진 수에 대한 양을 찾는 놀이를 하면 사고하는 힘을 키울 수 있습니다.

준비물 달걀판 2개, 바둑알, 달력 수 1~10

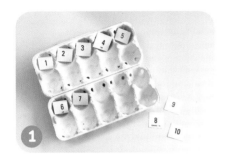

1 엄마가 수 카드를 아이에게 먼저 나열 하도록 유도하세요.

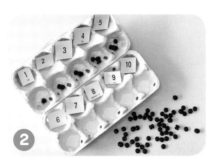

2 나열된 수에 해당하는 바둑알 양을 놓 게 해 주세요.

3 그리고 아이가 잠시 딴 곳을 보게 하여 수 카드와 바둑알을 제거합니다.

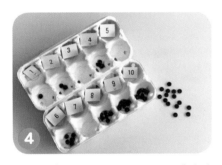

4 엄마가 "여기에 뭐가 들어가지?"라며 우선 수를 찾게 하고, 그에 해당하는 양 을 놓아 보게 합니다.

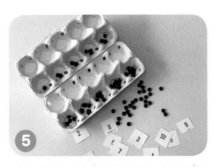

5 엄마가 순서대로 바둑알을 나열해 주 세요.

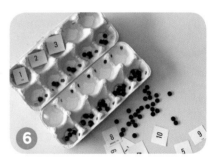

6 아이가 하나하나 위치를 찾아서 넣으면 서 스스로 생각할 수 있는 시간을 충분 히 주세요.

이렇게 지도해 보세요

교구를 이용하는 엄마표 수학은 자연스럽게 대화를 하면서 아이의 수학적 생각을 엿볼 수 있고, 문제도 내 볼 수 있 습니다. 아이가 배우고 있는 내용을 많이 표현할 수 있도록 유도해 주세요. 이 책의 놀이 설명에는 아이에게 하는 질 문이 많이 있습니다. 그것 이상으로 아이에게 질문을 많이 해 주세요. 아이의 생각을 이끌어내는 최고의 방법은 '질문 하기'입니다.

DAY 016

수와 양,
수의 순서

과자로 수의 양 알기

수양 일치는 연산으로 가는 중요한 부분이라 많은 시간을 할애해야 한다고 말씀드렸습니다. 그래서 다양한 방법으로 아이에게 노출해 주는 것이 중요하답니다. 이 놀이 역시 수가 가지는 양의 의미를 정확히 알게 하는 것이 목적이죠. 아이들 머릿속에 정확한 양의 이미지를 심어주는 활동입니다.

준비물 시리얼, 휴지 심 또는 종이컵

이렇게 학습해 보세요

1 시리얼, 휴지 심, 스티커를 준비해 주세요.

2 "엄마 한 번, 너 한 번 넣어 볼까?"라고 말하면서 숟가락과 종이컵을 이용하여 숫자에 맞는 양을 처음에는 엄마가 넣어 주세요.

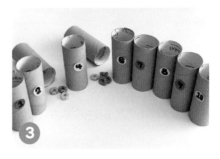

3 다 넣고 나면 엄마가 "숫자 3에 있는 시리얼 3개 주세요"라고 하여 수에 맞는 양을 자주 반복해서 말하도록 합니다.

4 엄마는 숫자 마킹이 되어 있지 않은 종이컵에 아이가 준 과자를 받아 담아 두세요.

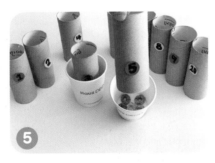

5 종이컵 안의 과자 수를 세어 보고 해당되는 휴지 심 수를 종이컵에 매칭시키면 됩니다.

6 엄마가 랜덤으로 부르는 수에 과자를 넣어주는 놀이도 해봅니다.

이렇게 지도해 보세요

덧셈, 뺄셈을 배운 지 얼마 되지 않은 아이들은 왜 손가락을 사용할까요? 어린아이들은 눈으로 보이지 않는 것을 생각할 수 없기 때문입니다. 구체물을 자주 접하는 것은 수를 이미지로 떠올릴 수 있고, 다음 단계로 구체물이 없어도 상상하며 세는 것이 가능해집니다. 수학은 범위가 넓고 다양하게 응용되는데 생활 속의 다양한 소재로 수를 다루어 보는 것은 그만큼 수에 대한 상상력을 풍부하게 만들어 줍니다. 구체물을 많이 다루어 본 아이가 추상화하는 힘이 큰 이유가 여기에 있습니다.

DAY 017

수와 양,
수의 순서

바둑알로 수의 양 알기

숫자에 해당하는 양을 알려줬다고 처음부터 바로 이해하는 아이는 없습니다. 다양한 놀이를 통해서 아이들이 제대로 이해하게 하는 것이 이번 놀이의 목적입니다. 바둑판과 바둑알만 있다면 엄마와의 수 놀이가 즐거운 시간이 될 듯합니다.

준비물 바둑판, 바둑알, 펜

1 바둑알과 바둑판을 준비해 주세요.

2 흰색 바둑알에 수를 쓰고 아이가 차례로 나열하게 합니다.

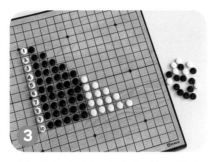

3 바둑알에 써진 수에 맞게 바둑알을 놓아보게 합니다. 단, 5까지의 수는 동일하게 놓고 5 이후는 다른 색으로 놓아주세요.

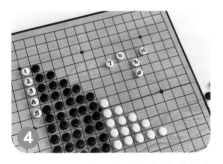

4 아이가 바둑알로 정확하게 나열했다면, 앞의 수만 제거하여 섞어 주세요. 그리고 다시 해당 양을 보고 수를 매칭하게 해 주세요.

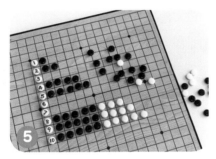

5 몇 군데의 바둑알을 제거하고, 다시 바둑알을 나열하게 합니다.

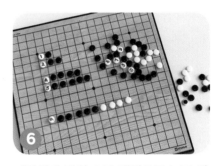

6 바둑알에 적힌 수를 랜덤으로 놓고 아이와 양을 맞추는 놀이를 진행하세요. 엄마는 5 이상의 수를 셀 때 처음부터 세는 것이 아니라 5부터 세는 연습을 해 주세요. 직관적으로 5를 인지하는 연습입니다.

이렇게 지도해 보세요

아이와 대화를 하거나, 아이에게 질문을 하려면 아이의 이야기를 들어줄 수 있어야 합니다. 어떤 아이는 엄마가 수학 문제로 질문을 하면 잘 대답하는 반면 어떤 아이는 학습에 관한 질문에 대해 민감하게 반응하거나 짜증을 내기도 합니다. 엄마의 질문에 잘 대답하는 아이와 엄마의 관계를 살펴보면 엄마가 아이의 이야기를 잘 들어주고, 존중해 주는 경우가 많습니다. 아이의 이야기를 들어주어야 아이와 대화를 할 수 있습니다. 어릴 때에는 어떤 아이나 부모와 대화를 하지만 가정에 따라서는 조금만 커도 아이가 부모님과 대화를 하지 않는 경우도 많이 있습니다. 아이의 이야기에 먼저 귀 기울여 주세요.

DAY 018 키친타월 심 활용하기

수와 양, 수의 순서

수 인지 마스터 놀이입니다. 숫자 매칭과 수양 일치까지 아이들이 집중력을 가지고 한번에 할 수 있는 놀이랍니다. 옆에서 지켜보며 아이들이 어느 부분을 잘 못하는지 바로 확인이 가능합니다. 집에서 흔히 구할 수 있는 키친타월 심과 스티커를 이용해서 수를 완전히 이해했는지 알아보면 됩니다. 숫자 스티커는 2세트를 준비하는 게 좋습니다.

준비물 키친타월 심 1개, 숫자 스티커 2세트, 도트 스티커

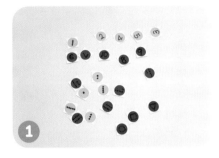

1

1에서 10까지의 숫자 스티커와 도트 스티커를 준비합니다. 아이와 함께 만들면 더 좋습니다.

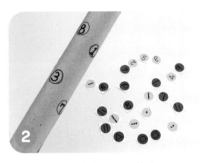

2

키친타월 심 위에 1~10까지 수를 불규칙하게 적어 둡니다.

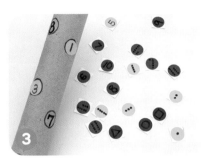

3

엄마가 소리 내어 수를 읽으며 숫자 스티커를 1부터 순서대로 아이에게 전달합니다. 혹은 아이 스스로 하게 해도 됩니다. 아이가 키친타월 심을 돌려가며 해당 숫자를 찾아 하나씩 붙이게 합니다.

4

이번에는 도트 스티커를 붙여 보게 해주세요. 도트 스티커를 줄 때는 소리 내지 않고 그냥 전달합니다. 그럼 아이는 숫자 스티커 위에 해당하는 도트 스티커를 붙입니다.

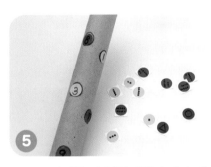

5

도트 스티커를 다 붙였다면 숫자 스티커를 도트 스티커 위에 다시 붙이게 합니다. 이때도 소리 없이 전달해 주세요.

이렇게 지도해 보세요

학부모 상담을 하다 보면 "저는 수학을 싫어하는데, 이곳은 교구를 많이 사용한다고 해서…"로 시작하는 분들이 있습니다. 수학을 싫어할 수는 있지만 이런 부모님들 중에는 아이가 수학에 관한 질문을 하면 금세 포기하고, 선생님에게 물어보라고 하는 분들이 종종 있습니다. 어린아이들이 다니는 수학 학원은 길어도 주당 2시간의 수업을 진행합니다. 엄마와는 훨씬 많은 시간을 함께하고, 많은 이야기를 나누죠. 아이에게 수학이 재미없고, 어렵다는 것을 몸소 보여주면서 학원이 수학을 재미있게 해줄 것이라는 생각은 욕심이 아닐까요? 아이 앞에서 수학을 함께 고민하는 모습을 보여주세요. 아이는 부모의 자화상입니다.

DAY 019 확인학습

수와 양, 수의 순서를 학습해요.

 1 과일의 개수를 '하나, 둘, 셋'으로 세어 보고 알맞은 수에 ○표 해 보세요.

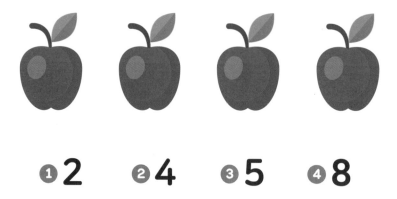

❶ 2   ❷ 4   ❸ 5   ❹ 8

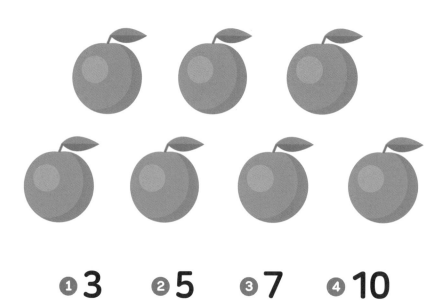

❶ 3   ❷ 5   ❸ 7   ❹ 10

2 1에서 10까지의 수를 순서대로 이어 집에 가는 길을 그려 보세요.

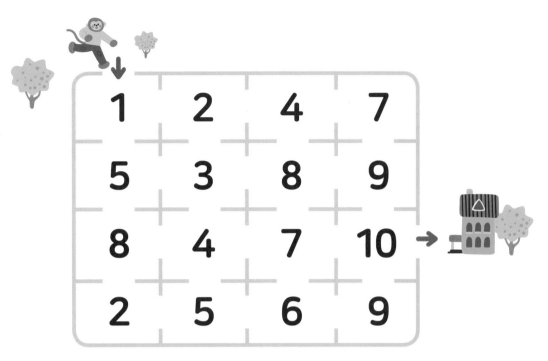

1	2	4	7
5	3	8	9
8	4	7	10
2	5	6	9

3 같은 수끼리 선으로 이어 보세요.

· 2

· 8

· 5

DAY 020

숨겨진 젤리 찾기

눈에 보이는 것을 세는 것은 수와 양 일치 시키기에서 많이 해 보았습니다. 이제는 보이는 것을 차례로 세는 단계를 넘어 알고 있는 수를 상상하면서 세는 놀이를 해 보겠습니다. 이를 통해서 모으기를 빨리 할 수 있고, 이 활동이 곧 한 자리 수 덧셈으로 이어집니다.

준비물 종이컵 2개, 젤리

1 구분이 가능한 종이컵 2개와 구체물(젤리)을 준비합니다.

2 종이컵에 젤리를 각각 2개, 3개 넣습니다. 아이에게 번갈아 보여주면서 젤리의 개수를 각각 세도록 합니다.

3 종이컵 2개를 엎어서 젤리가 보이지 않도록 하고 젤리를 모아서 세면 몇 개인지 아이에게 물어봅니다.

4 종이컵 안의 젤리를 꺼내서 아이가 말한 답을 확인합니다. 익숙해지면 개수를 늘리면서 활동해 보세요.

5 아이와 답을 확인하고, 아이가 안 보는 사이 젤리 몇 개를 골라 컵 안에 숨긴 후 컵 속으로 사라진 것이 몇 개인지 물어보는 활동으로 이어서 할 수 있습니다.

이렇게 지도해 보세요

수를 하나씩 세지 않고 할 수 있는 모으기와 가르기는 실질적인 덧셈, 뺄셈 계산 속도에 영향을 미칩니다. 이 활동은 보면서 차례로 세지는 않지만 상상하여 차례로 세는 단계입니다. 이 책에 소개된 여러 가지 활동을 통해 모으기와 가르기를 먼저 이해한 후, 충분한 연습을 통해 이를 빠르고 정확하게 할 수 있도록 한다면 연산의 기본기가 단단해질 것입니다.

비즈로 수 나누기

수 가르기는 전체수의 변화 없이 두 부분으로 수를 나누는 것입니다. 수 가르기는 연산에서 새로운 수를 만들어 낼 때 중요합니다. 비즈 팔찌는 아이들이 해당 수를 가를 때 다양한 경우의 방법으로 나눠지는 것을 한눈에 볼 수 있어 이해하기 쉽습니다.

준비물 고무줄, 비즈, 숫자가 적힌 스티커

1 고무줄(또는 끈)과 비즈, 그리고 1~10 까지 숫자를 표기한 스티커를 준비해 주세요.

2 아이와 함께 고무줄에 숫자 스티커를 연결하고 그 숫자에 해당하는 비즈를 엮어 비즈 팔찌를 만들어 보세요. 1부터 10까지 모두 만들면 좋습니다.

3 아이와 비즈 팔찌 2를 들어 숫자 스티커를 기준으로 수가 나뉘는 경우를 찾아봅니다. 1과 1로 나뉘는 것을 보여 주세요. 3도 동일하게 진행하며 1, 2와 2, 1로 두 가지가 나오는 것을 보여 주세요.

4 4부터는 아이가 스스로 어떻게 나눠지는지 확인해 보도록 합니다. 아이와 할 때는 1, 3과 2, 2, 그리고 3, 1처럼 규칙적으로 수를 올려가면서 하는 방법을 알려 주세요.

5 이런 놀이를 하고 나서는 아이가 찾은 경우의 수를 적어 보면 좋습니다. 아이가 어리다면 엄마가 아이가 부르는 수를 차례대로 적어 주세요.

이렇게 지도해 보세요

0은 자연수가 아니죠. 초등학교 1학년 때 0을 배우고 〈1 + 0 = 1〉, 〈1 − 0 = 1〉도 할 수 있게 되지만 구체물을 대상으로 모으기와 가르기를 할 때는 0을 제외합니다. 0은 구체물을 셀 수 있는 수는 아니기 때문이죠. 예를 들어, '4개의 과자를 여러 가지로 가르기 해 보자'라고 하면 1과 3, 2와 2로 가를 수 있는데 0과 4로 가르지는 않습니다.

DAY 022

모으기와 가르기

옷걸이로 하는 수 놀이

옷걸이와 빨래집게는 집에서 흔히 보는 생활용품입니다. 이것이 수 놀이와 연결이 되는 것을 보면서 아이들은 주변의 모든 것이 수와 연결될 수 있음을 알 수 있고 사고의 전환도 가져올 수 있습니다. 전체수의 변화 없이 가르고 모아보면서 수의 변화를 자연스럽게 익히게 할 수 있습니다.

준비물 옷걸이, 빨래집게, 달력 수

1 옷걸이와 빨래집게, 달력 수를 준비하세요. 달력 수 1부터 10까지를 아이와 먼저 한 번 읽어 주세요.

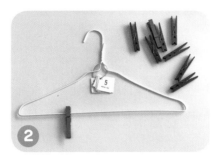

2 달력 수 5를 옷걸이 중앙에 붙여 주세요. 엄마가 먼저 한 개의 빨래집게를 걸어 주고 아이에게 5가 되려면 몇 개가 더 있어야 하는지 물어보세요.

3 답을 완료했다면 빨래집게 1을 걸어 주고 5가 되려면 몇 개가 있어야 하는지 빨래집게를 걸어 보여 줍니다.

4 5의 수를 다 완성했으면 빨래집게 5개가 걸린 것을 이용해서 아이와 한 번 더 가르는 경우를 보여줍니다. 1, 4 / 2, 3 / 3, 2 / 4, 1을 보여주며, 5가 되는 경우가 여러 가지임을 알려 주면 좋습니다.

5 아이가 잘 안다면, 경우의 수를 반으로 접어서 수를 보고 답을 연상하여 말하도록 해 봅니다. 아이와 해당하는 답을 찾아서 자신이 적은 수의 규칙을 다시 한번 찾는 연습이 좋은 반복 놀이입니다.

이렇게 지도해 보세요

엄마의 입장에서 초등학교 저학년 수학의 개념을 정확하게 이해하는 것은 매우 어렵습니다. 그런데 이것은 중요하지 않습니다. 저학년 아이를 둔 부모들이 잠깐 겪을 수 있는 문제인데 수학을 시작하는 아이들의 눈높이에 맞춰서 가르치려고 하다 보니 그럴 수 있습니다. 예를 들어 '가르기, 모으기에는 0을 사용하지 않는다'가 해당되는데, 이와 같은 개념을 엄마가 정확히 알고 있다면 아이에게 가르쳐 주면 되지만 모른다고 해서 스트레스를 받을 필요는 없습니다.

DAY
023

모으기와
가르기

병뚜껑으로 수 모으기

수 가르기와 모으기는 받아올림이 있는 한 자리 수의 덧셈과, 받아내림이 있는 한 자리 수의 뺄셈에서 가장 중요한 부분입니다. 집에서 흔히 볼 수 있는 병뚜껑 위에 수 스티커를 붙여서 해당 수를 모아보고 그 수를 가르면서 자연스럽게 수 놀이를 할 수 있습니다.

준비물 병뚜껑, 펜

이렇게 학습해 보세요

병뚜껑과 펜을 준비해 주세요.

1~9까지의 수를 2세트 이상 적어서 준비해 주세요.

아이가 하나의 수(예:5)를 선택하게 합니다. 그리고 엄마가 5 주위에 1을 먼저 붙여 주며, "1과 무엇이 있어야 5가 될까?"라고 물어봅니다.

아이가 4를 찾아 붙였다면 이번에는 2를 붙여서 "2와 무엇이 있어야 5가 될까?" 하고 물으며 5를 완성하는 수를 찾게 합니다.

주변에 흩어진 수 중에 아이에게 모으고 싶은 수를 선택하게 하고 진행하세요.

수가 클수록 모아지는 경우의 수는 많습니다. 1부터 차근차근 모으는 연습을 해야 빈틈이 없습니다.

이렇게 지도해 보세요

모으기, 가르기는 단계적으로 연습하는 것이 좋습니다. 3까지의 수는 직관적으로 바로 세기 때문에 처음에는 3까지의 모으기, 가르기를 하면서 개념 잡기와 자신감 심기를 하고, 이후 5까지, 7까지, 9까지로 점차 수를 키워 가면서 집중적으로 연습하도록 해 주세요. 익숙해지면 다음 단계를 연습한다고 생각하면 됩니다.

DAY 024

모으기와 가르기

카드 쌓기 놀이

수 놀이는 다양한 부분에서 아이들의 관심을 자극할 수 있어야 합니다. 이번에는 트럼프 카드를 가지고 아이들이 그동안 배운 수를 다른 수와 결합하여 10을 만드는 놀이입니다. 이런 활동은 수의 연산에 바로 연결이 되고 아이들의 자연스러운 암기와 이미지화에 도움이 됩니다.

준비물 트럼프 카드

1 트럼프 카드를 준비합니다. 카드 중 하나의 세트를 골라서 1~10까지 수로 펼쳐 봅니다. 아이와 함께 트럼프 카드를 관찰하며 해당 수를 인지시켜 주세요.

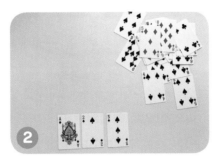

2 무작위로 섞인 카드 수에서 엄마가 1, 2, 3을 나열하고 아이에게 이 수가 모여서 어떤 수가 되는지 다른 카드에서 찾게 합니다.

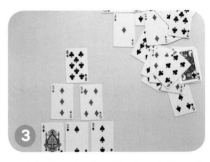

3 3개의 카드 수 위로 두 카드 수를 모은 값의 카드를 올려 쌓아 줍니다. 모르면 카드에 있는 이미지를 같이 세며 올려 주세요.

4 다양한 수의 카드로 쌓기 놀이를 시도하세요. 아이들의 모으기 실력이 점점 빨라질 겁니다.

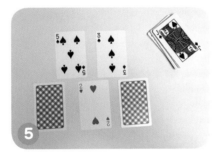

5 쌓기 놀이에 익숙해지면, 첫째 줄에서 임의의 카드를 골라 뒤집어 보세요. 아이가 위의 합해진 수를 보며, 뒤집어진 카드의 수를 생각하게 해 주세요. 이 카드 놀이는 수 가르기와 모으기가 동시에 가능하니 자주 활용해 주세요.

이렇게 지도해 보세요

이와 같은 활동은 학습지보다 훨씬 좋은 반복 학습 방법입니다. 수학이 재미있는 과목이지만 지나치게 단순 반복하는 학습지는 자칫하면 어린아이에게 수학에 대한 부정적인 인식을 심어줄 수 있습니다. 별것 아닌 것 같아 보여도 카드를 이용한 모으기를 아이는 공부라고 느끼기보다 놀이라고 느끼면서 즐겁게 공부할 수 있습니다. 수학은 반복이 필요하지만 반복의 방법에 따라 결과는 크게 차이 날 수 있습니다.

DAY 025

모으기와
가르기

레고로 산 만들기

Day 024와 같은 놀이 방식이지만 집안의 장난감이 교구로 변경되면서 아이가 활용하는 범위와 사고가 확장됩니다. 레고에 수 스티커를 붙여서 두 수의 합으로 이뤄지는 피라미드를 만들어 보는 연습을 하면 됩니다. 수 모으기와 가르기가 자연스럽게 재미있는 놀이가 되어 아이들이 수학에 대한 흥미를 느끼고 재미있게 할 수 있습니다.

준비물 레고 블록, 펜이나 숫자 스티커

1

레고 블록과 펜을 준비하세요.

2

블록 위에 아이들이 직접 수를 쓰거나 수 스티커(1~10)를 레고에 붙여 주세요. 아이가 직접 붙이며 만들어 보면 적극적으로 참여하는 계기가 됩니다.

3

무작위로 나열된 수에서 엄마가 1, 2를 찾아 나란히 두고 아이에게 두 수가 모여서 어떤 수가 되는지 찾게 합니다. 아이가 3이 적힌 레고를 찾으면 1과 2의 블록 위에 쌓게 합니다.

4

1, 2 블록 옆으로 3 이하의 낮은 수의 블록을 계속해서 붙여 주세요.

5

아랫부분의 수가 낮아야 위로 계속 쌓아 올릴 수 있습니다.

6

다 만들어진 레고 블록의 아래쪽 블록을 제거하여 빠진 부분을 찾는 놀이로 업그레이드해 보세요.

이렇게 지도해 보세요

Day 024와 같은 놀이입니다. 꼭 카드나 레고가 아니어도 좋습니다. 다양한 사물로 얼마든지 활동이 가능합니다. 예를 들어, Day 023, Day 024의 소재는 가르기와 모으기 학습에 집중할 수 있도록 안정적으로 만들 수 있는 소재를 활용했지만, 이후에는 휴지 심에 수를 써서 쌓는 등 쌓기 놀이와 융합한 놀이를 만들 수도 있습니다. 이런 응용을 아이와 함께 주위의 장난감이나 생활용품에서 찾아본다면 창의적인 교육이 될 수 있습니다.

DAY 026

모으기와 가르기

사탕 나누기 놀이

수 가르기에서 제일 힘든 부분이 차이 나게 가르기일겁니다. 달걀판 두 개를 이용하여 수를 차이 나게 나눠보는 연습입니다. 차이 나게 나눈다는 것은 차이 나는 부분을 제외한 나머지는 동일하다는 말과 같습니다. 복잡한 수 놀이를 명료화하여 이해하기 쉽게 만들어 주는 놀이입니다.

준비물 10구 달걀판 2개, 사탕 10개

이렇게 학습해 보세요

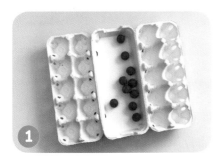

1 달걀판 2개를 나란히 놓고 사탕 10개를 준비합니다.

2 엄마가 아이에게 "10개의 달걀을 동생과 나눌 거야, 근데 동생한테 2개 더 주자. 그럼 몇 개씩 가질 수 있어?"라고 묻습니다. 아이가 처음에는 힘들어 하겠지만, 다양한 방법으로 생각하며 나누게 해 주세요.

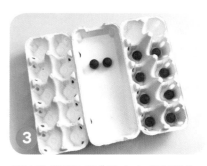

3 아이가 생각할 때 "엄마의 해결 방법도 봐줄래?"라며 방법을 보여 주세요. "동생이 2개 더 많으니, 2개를 우선 빼두고 생각해 보자"라고 말해 주세요.

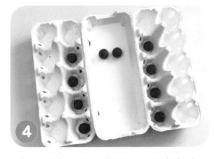

4 남은 사탕 8개를 양쪽으로 4개씩 나누고 "그럼 남은 사탕 8개를 둘이 같이 나누자"라고 말해 주세요.

5 4개씩 똑같이 나누어진 달걀에 동생 쪽에 2개를 더 주세요. 차이 나는 2개 외에는 같다는 사실을 알려 주면 됩니다.

6 알아듣는 듯 하면 10개를 다시 원위치로 하여 다른 수의 차이로 여러 가지 문제를 제시해 주세요.

이렇게 지도해 보세요

수를 차이 나게 가르는 것은 실제로 무척 어렵습니다. 전체수와 차이를 가르쳐 주고 두 수를 묻는 문제로 나온다면 보통은 여러 가지 경우를 따지면서 답을 찾게 됩니다. 이 활동은 합과 차를 알 때 차와 남은 수의 관계를 이해할 수 있는 활동입니다. 이 활동을 한 문장으로 요약하면 "더 가지기로 한 만큼 먼저 가지고, 나머지는 똑같이 나누어 가진다." 입니다. 바로 이해할 수 있는 내용이 아니니 꾸준히 접할 수 있도록 해 주세요.

DAY 027

모으기와 가르기

절반과 두 배 알기

두 배라는 것은 똑같은 양이 하나 더 있는 것이고, 절반은 반을 나누어 가지는 것입니다. 하지만 홀수인 경우에 이 절반의 의미가 어려울 수 있어 유아기에는 적합하지 않습니다. 절반의 의미를 설명할 때는 짝수로 진행하면 됩니다. 클레이와 레고로 아이들이 알기 쉽게 두 배와 절반의 의미를 알려 주세요.

준비물 클레이, 레고 블록

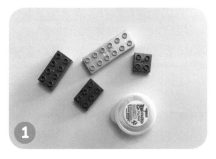

1

클레이와 다양한 크기의 레고 블록을 준비합니다. 레고를 연결하는 볼록한 부분을 도장으로 사용하는 놀이입니다.

2

먼저 클레이를 평평하게 펼칩니다. 그리고 아이들과 레고를 클레이에 찍으며 어떤 모양이 나타나는지 살펴보세요.

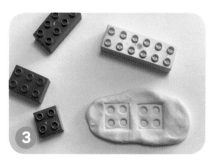

3

4개짜리 초록 블록을 찍으며 아이에게 같은 걸 바로 옆에 찍어 보게 합니다. 그러고 나서 엄마가 똑같이 생긴 부분을 보여 주며 두 배의 의미를 알려 줍니다.

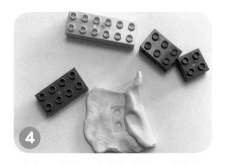

4

다시 클레이를 평평하게 하고 이번에는 4개짜리 초록 블록을 한 번만 찍은 후 클레이에 찍힌 모양에서 절반을 엄마가 가려 주세요. 그리고 절반의 의미를 알려 줍니다.

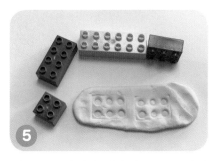

5

다음으로 엄마가 다양한 블록을 미리 클레이에 찍어 두고, 아이가 엄마가 찍은 블록과 같은 것을 찾아 찍게 합니다. 찍을 때마다 엄마는 "6이 두 배가 되면 몇이 될까?"처럼 물어보세요.

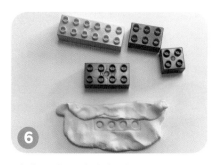

6

찍힌 모양을 하나씩 지워가기 전에 엄마가 "8이 절반으로 줄어들면 얼마가 될까?"라는 질문을 하고, 아이가 접고 답을 말하면 "8의 절반이 4가 되는구나"라고 말하며 호응해 주세요.

이렇게 지도해 보세요

초등 수학의 어느 과정을 보더라도 절반과 2배에 대해 명확하게 가르치는 단원은 없지만 이것은 수 감각을 기르고, 다양한 연산 방법을 익히는 데 도움이 됩니다. 예를 들어 6의 2배가 12라는 것을 아는 어린이는 6 더하기 7을 물었을 때 6의 2배보다 1 큰 수를 생각하게 되고 자연스럽게 13이라고 대답할 수 있습니다.

확인학습
모으기와 가르기를 학습해요.

 1 바나나와 먹은 바나나의 껍질을 보고 처음에 있던 바나나의 개수에 ○표 해 보세요.

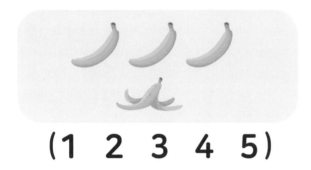

(1　2　3　4　5)

(1　2　3　4　5)

2 사탕이 담긴 그릇에 사탕을 더 넣었을 때 사탕의 개수가 몇 개가 되는지 ○표 해 보세요.

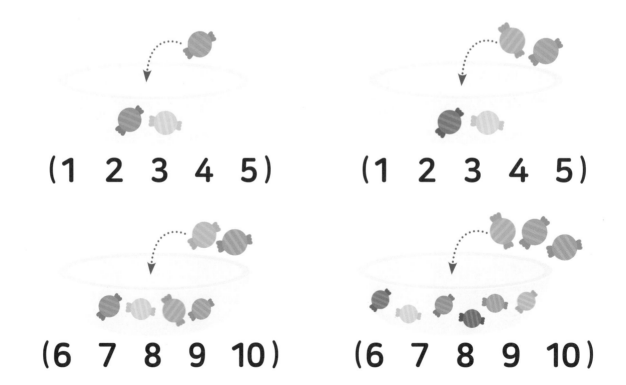

(1　2　3　4　5)　　(1　2　3　4　5)

(6　7　8　9　10)　　(6　7　8　9　10)

정답 : 215페이지

 3 사과를 몇 개 먹었어요. 남은 사과의 개수에 ◯표 해 보세요.

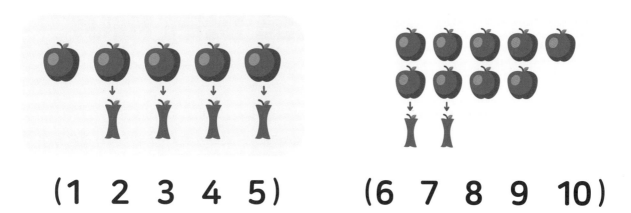

(1　2　3　4　5)　　　(6　7　8　9　10)

 4 모아서 ◯ 안의 수가 되도록 두 구슬을 선으로 연결해 보세요.

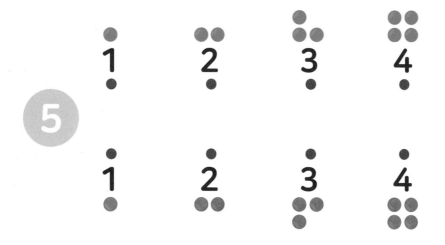

 5 ◯ 안의 블록보다 개수가 2배인 것을 찾아 ◯표 해 보세요.

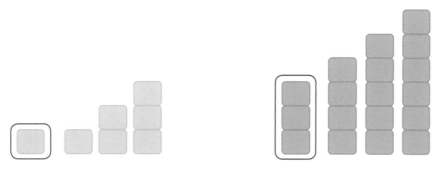

DAY 029

한 자리 수
덧셈

휴지 심으로 덧셈 놀이

덧셈의 의미는 둘을 합친다는 말입니다. 무작정 덧셈 기호를 들이밀면 아이들이 어려워합니다. 그래서 더하기의 의미는 둘이 합쳐진다는 의미를 정확히 인지하게 하는 놀이입니다. 각각의 휴지 심 구멍에서 나온 수가 합쳐져 새로운 수가 되는 현상을 보면서 더하기의 의미를 정확히 인지합니다.

준비물 택배 박스, 휴지 심 2개, 달력 수, 구슬, 10구 달걀판

1

택배 박스, 휴지 심, 달력 수, 구슬, 달걀판을 준비합니다.

2

휴지 심 2개를 택배 박스 뚜껑에 붙이고 이 사이에 덧셈을 표시합니다.

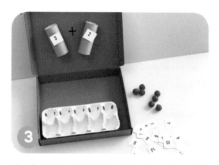

3

휴지 심에 각각 달력 수를 붙인 후 아이에게 해당하는 수에 맞춰 구슬을 통과시키는 활동임을 설명해 줍니다.

4

달력 수에 해당하는 수의 구슬을 넣어 아이가 관찰하게 합니다. 휴지 심을 통과한 구술이 택배 상자 안에 모이게 되면 "각각의 구멍에서 나온 구슬이 서로 합쳐지네"라고 설명해 주세요. 구슬을 넣기 전에 얼마의 값이 나오게 될지 아이가 예상하게 해봐도 좋습니다.

5

휴지 심에서 나온 구슬이 아이가 예상한 수가 맞는지 달걀판에 넣어서 확인합니다.

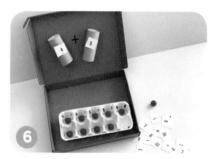

6

여러 번 반복하며 더하기 기호를 가리키며 왼쪽과 오른쪽 구슬이 서로 합쳐진다는 뜻임을 알려 주세요. 합이 5 이상의 수가 나올 경우에는 아이가 직관적으로 알기 어려울 수도 있어 달걀판에 정렬하여 수를 셀 수 있게 연습하면 좋습니다.

이렇게 지도해 보세요

'+' 기호를 사용할 뿐 사실상 모으기와 똑같습니다. 모으기와 덧셈의 차이를 아이에게 가볍게 한번 언급해 주세요. 모으기는 눈에 보이는 물건을 나타내기 때문에 0을 사용할 수 없지만 덧셈은 0을 사용하게 됩니다. 따라서 〈0 + 1〉, 〈0 + 2〉와 같은 문제도 활동으로 해 보는 것이 좋습니다. 다만, 앞서 이야기했듯이 모으기에 0을 사용하면 안 된다는 것은 처음 수학을 배울 때 적용되는 개념일 뿐 아이들이 꼭 알아야 하는 중요한 규칙은 아닙니다.

DAY 030

펀치로 덧셈 놀이

이번 활동은 덧셈의 의미를 정확히 인지하게 하는 방법이기도 하고, 아이 스스로 수 세기를 반복하게 하고, 이를 통해 덧셈을 쉽게 이해하게 하는 놀이입니다. 펀치를 통해 종이에 구멍을 내면서 아이가 스스로 수가 합쳐지는 걸 보게 되고 더하기 기호가 무엇을 뜻하는지 인지하게 됩니다.

준비물 펀치, 색종이, 펜

1 펀치와 색종이를 준비합니다.

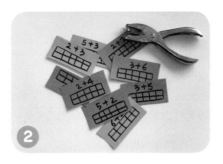

2 달걀판과 같이 가로 5칸, 세로 2칸 총 10칸을 색종이에 그리고, 10이 넘지 않는 범위에서 아이가 아는 수준의 다양한 덧셈 문제를 적습니다.

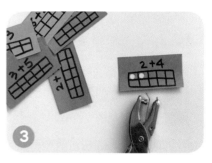

3 아이에게 하나의 종이를 선택하게 하고 그 종이에 있는 문제의 정답을 물어봅니다. 그러고 나서 "펀치로 정답을 확인해 볼까?"라고 말하며 아이 스스로 펀치로 하나씩 확인하게 해 주세요.

4 펀치로 수를 뚫을 때 엄마도 같이 큰 소리로 읽어 주면서 수 세기를 한 번 더 자연스럽게 연습해 보세요.

5 아이가 펀치로 덧셈을 한 것의 값이 서로 동일한 것을 찾게 하여 합이 같은 값이 나올 수 있음을 보여 주세요.

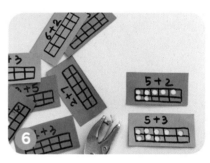

6 더한 값이 한 개 더 많은 것 찾기로 확장하여 다양하게 활동이 가능합니다.

이렇게 지도해 보세요

함께 놀아주는 활동으로 수학을 가르치다 보면 계속해서 구체물을 보고 답을 한다고 생각하거나 수학적인 머리가 없는 것인가 하는 생각을 하게 되는 시점이 있습니다. 학습지를 하고 있는 학부모님들로부터도 많이 받는 질문입니다. "학습지를 하는데도 덧셈을 할 때 손가락을 사용하는데, 저희 아이가 수학적인 머리가 없는 것인가요?"와 같은 질문입니다. 손가락의 경우 꾸준히 연습하게 되면 자연스럽게 손가락을 사용하지 않게 됩니다. 활동 위주의 수학도 꾸준하게 했을 때 자연스럽게 빨라지고, 추상화하게 됩니다.

DAY 031 빨래집게로 덧셈 놀이

한 자리 수 덧셈

유아기 때는 구체물로 놀아주는 것만큼 좋은 것이 없습니다. 주변의 사물이 수학과 떨어져 있는 것이 아니라, 모르는 건 어디서든 가져와서 연결하여 풀 수 있다는 생각의 전환이 엄마표 교구의 목적입니다. 매일 하는 빨래도 아이와 수 놀이로 활용하시면 덧셈이 자연스레 늘어날 겁니다.

준비물 달력 수, 옷걸이, 빨래집게, 종이컵

이렇게 학습해 보세요

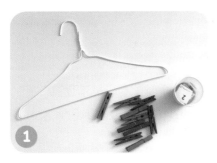

1 달력 수와 옷걸이, 그리고 빨래집게를 준비합니다.

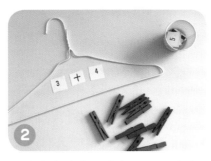

2 종이컵에 담아둔 달력 수를 무작위로 꺼냅니다. 아이가 3과 4를 뽑았다면, 엄마는 "두 수가 모이면 어떤 수가 될까?"라고 물어봅니다. 아이가 답을 할 때까지 기다려줍니다.

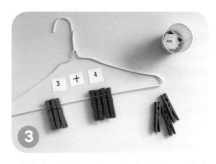

3 아이가 대답을 바로 하지 않아도 괜찮습니다. 아이 스스로 3과 4 달력 수에 맞게 빨래집게를 집어서 옷걸이에 걸게 합니다.

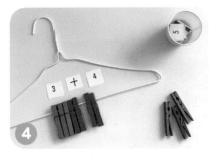

4 그리고 합쳐서 얼마인지 셀 때, 5를 구조화해서 세는 연습으로 하시면 덧셈과 가르기 모으기 연습도 동시에 됩니다.

5 이 단계를 여러 차례 반복합니다.

이렇게 지도해 보세요

덧셈, 뺄셈의 상황은 이론적으로 크게 4가지로 나눕니다. 상황에 맞는 이야기로 아이에게 덧셈 문제를 내어 보세요.

① **첨가 상황**: 나뭇가지에 4마리의 새가 앉아 있는데, 1마리의 새가 더 날아왔습니다. 나뭇가지 위의 새는 모두 몇 마리일까요?

② **합병 상황**: 마당에 강아지 2마리와 고양이 2마리가 있습니다. 마당의 동물은 모두 몇 마리일까요?

③ **제거 상황**: 3개의 사과를 먹었더니 2개가 남았습니다. 먹기 전에는 모두 몇 개가 있었을까요?

④ **비교 상황**: 형은 구슬을 1개 가지고 있는데 동생은 형보다 2개를 더 가지고 있습니다. 동생이 가지고 있는 구슬은 몇 개일까요?

DAY 032

자를 이용한 덧셈 놀이

덧셈의 의미를 수직선에서 칸을 옮겨가며 이해하게 합니다. 수직선을 이용하면 수의 순서를 정확하게 인지하게 되어 수 크기도 자연스럽게 알게 되고 칸의 이동으로 바로 답을 찾게 됩니다. 암산이라는 것이 자연스럽게 이뤄지는 것이 아닙니다. 다양하게 자주 활용하는 것이 이해의 기본입니다.

준비물 빨래집게 4개, 10cm 자, 주사위 2개

이렇게 학습해 보세요

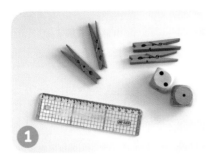

1

빨래집게 4개와 10 cm 자, 주사위 2개를 준비합니다.

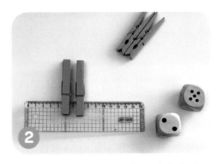

2

아이가 먼저 주사위 2개를 던져서 나온 수(5, 2)에 맞춰 자에서 5를 찾아 빨래집게를 꽂고, 다른 빨래집게로 2칸 이동한 7에 표시하세요. 5와 2의 합이 7이 됨을 보여 주세요.

3

이번에는 엄마가 두 개의 주사위를 던져 나온 수(1, 3)만큼 이동하여 표시합니다.

4

엄마가 옮긴 자리를 체크하여 합이 더 많은 쪽이 누구인지 확인합니다. 빨래집게의 위치를 확인하여 옮긴 값이 크면 이기는 게임입니다.

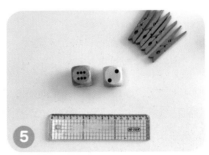

5

2개의 주사위를 다양하게 옮겨가며 반복적으로 놀이를 한 이후에는 빨래집게로 옮기기 전에 아이가 먼저 답이 무엇일지 물어보면서 진행하세요. 그러면 암산의 힘도 커집니다.

이렇게 지도해 보세요

수직선 위의 연산은 1칸씩 뛰어 센다는 개념으로 접근하는 것이 좋습니다. 수를 차례로 셀 수만 있으면 덧셈, 뺄셈을 얼마든지 할 수 있죠. 5와 3의 합이면 5번 오른쪽으로 이동하고, 3번 더 오른쪽으로 이동한다고 생각하는 거죠.

비즈로 덧셈 놀이

앞에서 수직선 놀이를 했다면, 이번에는 숫자를 보고 미리 암산하여 그 해답을 구체물의 이동으로 확인하는 놀이 입니다. 휴대용으로 만들어서 수 옮기기 놀이로 덧셈의 빠른 이해를 도와 주세요. 엄마랑 아이가 문제를 만들어 내면서 풀어 보면 구체물로 확인이 되어 재미있고 쉽게 덧셈을 이해할 수 있습니다.

준비물 플라스틱 뚜껑, 비즈, 모루, 스카치테이프

이렇게 학습해 보세요

1 플라스틱 뚜껑 뒤를 비즈와 모루로 연결하여 수직선 판을 만드세요. 하단 부분은 스카치테이프를 붙여서 매끄럽게 만들어 주세요.

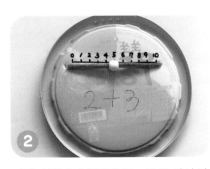

2 하단의 빈칸에 엄마가 〈2 + 3〉을 써서 아이에게 답을 물어보세요. 아이가 말한 답이 맞으면 그 답이 맞는지 비즈를 옮겨 확인해 봅니다.

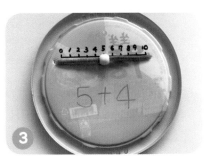

3 엄마가 이제는 좀 더 큰 수인 〈5 + 4〉를 써서 아이에게 답을 물어보세요. 아이가 말한 답이 맞으면 그 답이 맞는지 비즈를 옮겨 확인해 봅니다.

4 이 놀이가 익숙해지면, 엄마가 5를 수판에 그린 후 아이에게 7이 되려면 어떤 수가 와야 하는지 물어보세요. 아이가 어려워하면 수직선 판을 이용해 보길 권하세요.

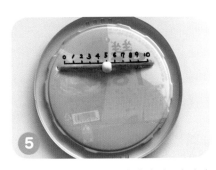

5 수판에 다양한 수를 작성하여, 아이가 해당 수를 찾는 연습을 해 보면 암산에도 도움이 됩니다.

이렇게 지도해 보세요

수직선을 이용한 덧셈 놀이, 뺄셈 놀이는 수 개념 형성에 도움을 줍니다. 수는 순서대로 끊임없이 이어진다는 성질이 있습니다. Day 032에서 자를 이용한 덧셈 놀이와 더불어 Day 033에서 직접 만들어 본 수직선 덧셈 놀이로 수직선과 친숙해지면서 순서대로 늘어서 있는 자연수를 이해하고, 추후 자연수와 자연수 사이에 위치한 소수나 분수의 이해도 수월하게 할 수 있습니다. 수직선을 이용한 덧셈 놀이, 뺄셈 놀이는 수 개념 형성에 도움을 줍니다. 수는 순서대로 끊임없이 이어지는 성질이 있습니다. Day 032에서 자를 이용한 덧셈 놀이와 더불어 Day 033에서 직접 만들어 보는 수직선 덧셈 놀이를 통해 수직선과 친숙해지면 순서대로 늘어서 있는 자연수를 이해하고, 추후 자연수와 자연수 사이에 위치한 소수나 분수의 이해도 수월하게 할 수 있습니다.

DAY 034

확인학습
한 자리 수 덧셈을 학습해요.

 1 빈칸에 알맞은 수를 써 보세요.

❶ $4+2=$ ☐

❷ $3+1=$ ☐

❸ $0+3=$ ☐

❹ $6+1=$ ☐

 2 그림을 보고 물음에 답해 보세요.

❶ 그림 속에 빨간색 풍선과 파란색 풍선은 모두 몇 개일까요? ☐

❷ 그림 속에 파란색 풍선과 초록색 풍선은 모두 몇 개일까요? ☐

3 두 도형이 겹치는 부분에 도형이 나타내는 수의 합을 써 보세요.

보기

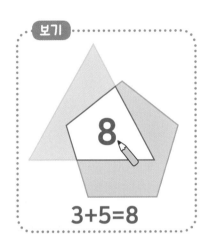

3+5=8

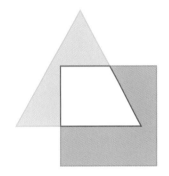

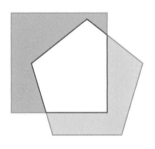

4 팻말에 적힌 수가 나오도록 합이 되는 두 수를 위아래나 옆으로 묶어 보세요.

보기

4	2	3
5	3	6
1	1	5

두 수의 합이
6

2	6	4
5	4	7
4	3	1

두 수의 합이
8

5 울타리 안에 고양이가 3마리, 강아지가 4마리 있습니다.
고양이와 강아지는 모두 몇 마리일까요?

한 자리 수 빽셈

클레이로 빽셈 놀이

이번 놀이는 빼기의 개념을 알게 하는 거예요. 빼기는 없애는 것이랍니다. 이 놀이를 하다 보면 빼기의 기본 개념을 확실하게 알 수 있게 됩니다. 아이들의 스트레스도 한 번에 날려버리는 신나는 활동이 됩니다.

준비물 클레이, 종이컵

이렇게 학습해 보세요

1 클레이와 Day 011에서 사용한 돌리기 종이컵을 준비합니다.

2 아이와 함께 클레이로 공을 만들어 주세요.

3 종이컵을 돌려 뺄셈식을 만듭니다. 만들어둔 클레이 볼을 놓고 주먹 또는 손가락으로 눌러서 없애 주세요. 엄마는 빼기 기호의 의미를 없애는 의미로 아이에게 전달해 주세요.

4 여기서 끝나면 안 되죠? 눌러진 클레이와 빼기에 해당되는 수를 제거해 주세요. 아이에게 "7이 되려면 몇 개가 더 있어야 할까?" 혹은 "우리가 7에서 몇 개를 없애 버린 걸까?"라며 아이에게 단순한 놀이에서 사고를 하게 하세요.

5 아이가 답을 말할 때까지 기다려 주시고, 다시 클레이 공을 놓아서 맞는지 확인해봅니다.

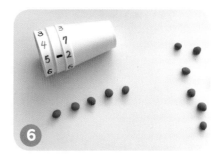

6 종이컵을 돌려 이 놀이를 반복하고, 아이에게 간단한 문제를 내어 봅니다. "3에서 2를 빼면 얼마지?" 답을 기다려 주세요. 못한다면 클레이 놀이로 다시 시작합니다.

이렇게 지도해 보세요

빼기는 처음 하는 아이들에게 똑같이 어렵습니다. 더하기와 빼기를 처음 배우면 더하기는 구체물을 놓고 수를 똑바로 세는 과정으로 계산하고, 빼기는 수를 거꾸로 세는 과정으로 계산합니다. 아이들은 수를 똑바로 세는 것에는 익숙하지만 거꾸로 세는 것은 그렇지 않습니다. 그래서 더하기보다 빼기를 더 어려워합니다. 더하기보다 빼기를 하는 데 시간 할애를 더 해 주면서 어려움을 넘어갈 수 있도록 도와주세요.

DAY 036 하드 막대 뺄셈 놀이

한 자리 수
뺄셈

아이들이 뺄셈 놀이를 한 번에 잘 이해하면 좋겠지만 그렇지 않습니다. 반복적인 놀이를 통해서 아이들이 정확히 인지하게 해야 합니다. 하드 막대와 빨래집게로 하는 활동이 빼기를 쉽게 이해할 수 있도록 도와줍니다.

준비물 하드 막대, 빨래집게, 스티커

1 하드 막대와 빨래집게, 스티커를 준비하세요.

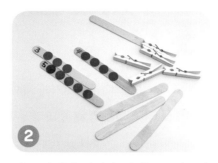

2 하드 막대에 아이가 원하는 수만큼의 스티커를 붙이고 붙인 스티커 옆에 해당하는 숫자를 써 주세요. 여러 개의 수 막대를 만든다는 생각으로 다양하게 붙여서 준비합니다.

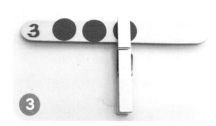

3 아이에게 원하는 막대를 선택하게 하고, 그 수를 읽어봅니다. 아이에게 3에서 1개를 없애 보라고 해 보세요. 먼저 답이 얼마인지 생각할 수 있게 하고 이후에 빨래집게로 하나를 없애 주세요.

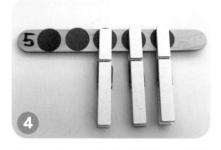

4 쉬운 수에서 난이도를 올려가며 진행합니다. 5에서 3개를 없애면 얼마가 남는지 물어보고, 답을 들은 후 확인해 주세요.

5 다양한 뺄셈 놀이 후 아이에게 "4가 다시 살아나려면 어떻게 해야 하지?"라며 물어 보세요. 빨래집게를 세면서 제거하여 원래 수를 찾아줍니다. 빼기가 더하기가 되는 순간입니다.

6 간단한 문제를 내어 보면서 이 놀이를 반복해 주세요. 간단한 놀이여서 아이와 다양하게 활용할 수 있습니다.

이렇게 지도해 보세요

덧셈과 뺄셈을 가르칠 수 있는 교구의 분류는 다음과 같습니다.
① **묶음 모델** : 바둑돌, 연결 큐브, 동전 등으로 낱개와 5개, 10개 묶음의 표현이 가능한 것
② **직선 모델** : 수직선과 같이 수를 일렬로 늘어놓은 것으로 수 카드를 차례로 늘어놓아 보여줄 수도 있음
③ **복합 모델** : 백판, 주판, 달걀판 등으로 묶음과 직선을 모두 나타낼 수 있는 것
수와 연산의 이해를 돕기 위한 교구의 종류를 알면 아이를 도울 교구를 선택하는 데 도움이 됩니다.

한 자리 수
뺄셈

달걀판으로 뺄셈 놀이

달걀판과 바둑알로 빼기를 쉽고 재미있게 할 수 있습니다. 수 세기에 자주 사용되는 달걀판을 빼기에 활용하는 방법입니다. 앞선 놀이처럼 빼기의 의미를 정확히 인지하게 해 줍니다. 준비물이 간단하니 아이들이 모를 때 활용하세요.

준비물 10구 달걀판, 바둑알

이렇게 학습해 보세요

1

달걀판을 뒤집어 튀어나온 칸에 구멍을 내어 바둑알과 함께 준비해 주세요.

2

구멍을 낸 부분 위에 8개의 바둑알을 놓아 주세요. 엄마가 아이에게 "2개를 없애 주세요"라고 요청해 보세요. 2개의 바둑알을 구멍 난 달걀판 안으로 쏙쏙 넣어주면 됩니다.

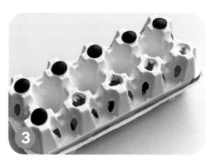

3

남은 개수를 확인하여 봅니다. 달걀판을 이용하는 이유는 남은 수를 셀 때 5를 기준으로 직관적으로 셀 수 있는 연습이 되기 때문입니다.

4

아이와 다른 문제를 풀어 보세요. "9에서 3을 빼면 얼마가 될까?" 아이가 정답을 바로 말하나요? 그렇지 않다면 달걀판에 바둑알을 천천히 넣어서 보여 주세요.

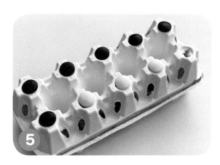

5

그리고 남은 답을 보면서 "9에서 얼마를 빼면 6이 되는 거야?", "6이 다시 9가 되려면 얼마가 필요한 거야?"라는 물음으로 사고한 후 답이 맞는지 하얀 바둑알로 놓아보게 합니다.

6

항상 구체물로 할 때는 아이가 먼저 사고하고 나서, 실행에 옮겨야 합니다.

이렇게 지도해 보세요

더하기, 빼기를 이해하는 방법은 다음과 같습니다.

① 수의 순서를 이용하여 다음 수 또는 이전 수의 개념을 통해서 덧셈, 뺄셈을 할 수 있습니다.

② 개수가 많은 것을 나타내는 것을 큰 수, 개수가 적은 것을 나타내는 것을 작은 수로 알고, 1만큼 더 큰 수는 1 더하기, 1만큼 더 작은 수는 1 빼기로 인식하도록 하여 덧셈, 뺄셈을 할 수 있습니다.

③ 차례로 세는 것이 익숙해지면 뛰어 세기의 개념을 사용하여 2 뛰어 센 수, 2 거꾸로 뛰어 센 수라는 말로 수를 다루는 것도 도움이 됩니다.

DAY 038

한 자리 수 뺄셈

머리끈으로 뺄셈 놀이

엄마표 놀이의 목적은 아이가 다양한 사고와 시각을 가질 수 있도록 하는 것입니다. 고정된 사용법에서 나오는 획일적인 생각에서 벗어나 하나의 사물을 다양한 목적으로 쓸 수 있다는 사고가 창의력에 기반이 됩니다. 하드 막대와 머리끈으로도 빼기와 더하기가 되는 걸 보면서 아이들은 주변의 물건들이 재미있는 활동으로 연결이 되는 폭넓은 시야를 가지게 될 겁니다.

준비물 하드 막대, 머리끈, 가위

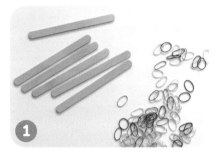

1 하드 막대와 머리끈을 준비하세요.

2 엄마가 하드 막대에 수를 적어 아이가 머리끈 고무를 수에 맞게 걸어 주세요. 다양한 수를 계산할 수 있도록 준비합니다.

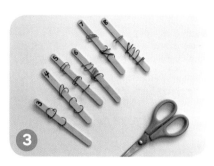

3 엄마는 유아용 가위를 준비하여 빼기를 할 준비를 해 주세요.

4 아이에게 원하는 막대를 선택하면 아이에게 "5에서 3을 빼면 얼마일까?"라고 물어 답을 요청하세요. 답을 기다렸다가, 가위로 잘라 확인하게 합니다.

5 다양한 수로 제거한 후에는 다시 해당 수로 돌려주어야 합니다. 엄마는 옆에서 "고무줄을 몇 개가 더 있어야 5로 돌아올까?"라며 덧셈의 의미도 반복해 주세요.

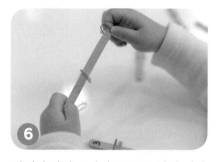

6 아이가 가위로 잘라도 보고, 다시 끼워 보며 스스로 깨우칠 수 있도록 반복해서 진행하세요. 수의 개념은 반복 놀이가 최고입니다.

이렇게 지도해 보세요

말로 하는 수학의 재미를 아시나요? 책도 교구도 없이 퀴즈처럼 더하기, 빼기 문제를 말로 해 보세요. 생각보다 아이가 재미있어 합니다. 아무것도 없이 상상해야 하기 때문에 집중도 더 잘 되는 것은 물론입니다. 이 방법을 잘 활용하면 교재를 풀면서 약했던 부분이나 활동을 하면서 어려웠던 부분을 기억해 두었다가 조금씩 반복 연습을 할 수 있습니다.

휴지 심 볼링 놀이

한 자리 수
뺄셈

아이들에게 즐거움을 줄 볼링 놀이를 해 봅시다. 집에서 휴지 심으로 간편하게 놀면서 빼기를 몸으로 익히는 활동이 될 겁니다. 빼기의 의미를 알게 되고, 정해진 수가 아닌 놀이로 적어가면서 익히게 될 겁니다.

준비물 휴지 심 10개, 작은 공

1 휴지 심 10개와 작은 공을 준비합니다.

2 학습으로 들어가기 전에 휴지 심을 세워두고 아이와 볼링 놀이를 해 보세요. 놀이만큼 즐거운 학습은 없습니다.

3 10개의 휴지 심을 볼링핀처럼 세우고 공을 볼링공처럼 던져 주세요. 안 넘어진 휴지 심을 보고 "10개 중 8개가 안 넘어졌네. 몇 개가 넘어진 거지?"라고 물어보세요. 아이가 답을 못한다면 함께 서 있는 휴지 심을 세어 봅니다.

4 엄마와 이야기로 하는 놀이를 끝내고, 엄마가 아이가 던진 공에 안 넘어진 수를 적고, "10개에서 4개가 안 넘어졌네. 몇 개가 넘어진 걸까?"라며 답을 유추하게 해 보세요.

5 10개가 아닌 다양한 수로 휴지 심의 개수를 변형하여 무작위 뺄셈 놀이를 해 보세요. 안 넘어진 수를 종이에 적어 아이가 스스로 찾게 해 주면 좋습니다.

이렇게 지도해 보세요

아이들이 자동차에 관심을 가지기 시작하는 시기가 있습니다. "오늘은 4로 정하자"와 같은 규칙을 정하고, 자동차 번호판에서 4가 포함된 자동차를 찾는 놀이는 아이들에게 최고의 게임이 될 수 있습니다. 자동차 번호판 숫자 게임은 학년 단계에 따라 다양하게 변형이 가능합니다.

DAY 040

확인학습

한 자리 수 뺄셈을 학습해요.

1 빈칸에 알맞은 수를 써 보세요.

① 6 – 1 = ☐

② 8 – 4 = ☐

③ 9 – 6 = ☐

④ 7 – 6 = ☐

2 계산 결과에 알맞게 선을 이어 보세요.

6 - 1   4 - 3   6 - 4   3 - 0

•   •   •   •

•   •   •   •

1   2   3   5

3 연필이 지우개보다 몇 개 더 많은지 써 보세요.

❶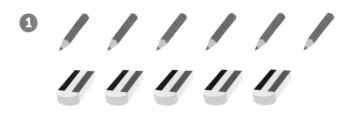

❷

 4 그림을 보고 물음에 답해 보세요.

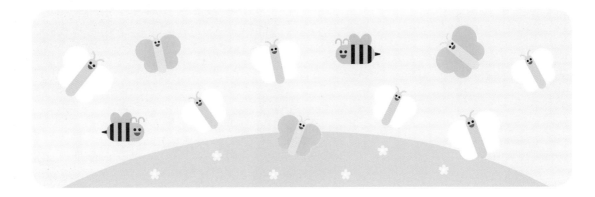

❶ 그림 속에 흰 나비는 노란 나비보다 몇 마리 더 많을까요?

❷ 그림 속에 나비는 벌보다 몇 마리 더 많을까요?

 5 계단을 8칸 올라갔다가 3칸 내려오면 몇 칸 올라간 것과 같을까요?

DAY 041

종이컵으로 홀짝 놀이

홀수와 짝수는 1학년 2학기에 나오는 개념입니다. 하지만 수를 묶어서 분류해 보면 수의 규칙도 이해하고 홀수와 짝수의 정확한 개념을 구체물로 인지하게 됩니다. 1부터 10까지의 수에서 홀수와 짝수를 찾고 분류해 보면서 수가 어떻게 연결이 되는지 알 수 있습니다. 어릴 때 구슬을 가지고 홀짝 놀이를 한 적이 있죠? 홀짝 놀이는 홀수와 짝수의 개념을 쉽고 재미있게 배울 수 있는 놀이랍니다. 10개의 바둑알을 준비하고 시작하세요.

준비물 바둑알 10개, 종이컵 2개

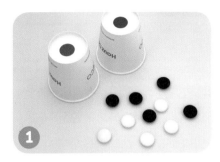

1 종이컵 2개와 바둑알 10개를 준비합니다. 바둑알이 짝이 있는 경우에는 짝수, 바둑알이 짝이 없는 경우에는 홀수라는 개념을 알려 주고 게임을 시작합니다.

2 엄마가 바둑알 10개를 두 컵에 나눕니다. 그리고 파란 컵을 열기 전에 "홀수일까, 짝수일까?" 하고 물어보세요.

3 아이가 짝수 또는 홀수라 대답하면 바둑알을 확인해 봅니다. 나온 바둑알을 짝을 맞춰 주세요.

4 그 다음에 안 보이는 빨간 컵은 짝수인지 홀수인지 예상하게 합니다. 그리고 바둑알을 확인합니다.

5 다시 한번 반복합니다. 이제는 홀수가 나올 수 있도록 엄마가 나눠 주세요.

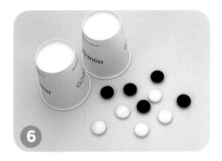

6 이 놀이를 반복하면 10은 짝수와 짝수가, 홀수와 홀수로 이뤄져 있다는 것을 알게 됩니다. 이 놀이는 뒤에 나올 10 만들기를 하고 나서 다시 해 보면 좋습니다.

0은 짝수일까요, 아닐까요? 0은 짝수가 맞습니다. 짝수, 홀수의 정의는 정수 범위에서 정해졌기 때문에 0은 짝수입니다. 하지만 초등 수학은 자연수를 범위로 하기 때문에 0을 짝수라고 보지 않습니다. 자연수는 1, 2, 3, …으로 구체물을 셀 수 있는 수를 말합니다. 초등 수학의 짝수, 홀수는 구체물을 가지고 짝을 지어볼 수 있는 수를 대상으로 한다고 이해하면 쉽습니다. 학년이 올라가면 분수, 소수를 배우지만 깊이 있게 배우는 수의 성질은 자연수를 대상으로 합니다.

DAY 042 빨대로 수 찾기 놀이

앞선 과정에서 수양 일치와 일대일 대응 방법을 통해 수의 크기 비교를 기본적으로 알게 되었습니다. 이번 활동은 수직선으로 한 번 더 보여줌으로써 아이들이 수의 크기 인식을 조금 더 체계적으로 할 수 있습니다. 또한 사고력 단골 문제인 사이 수도 쉽게 해결이 됩니다. 수의 범위가 확실히 머리에 인식되기 때문입니다. 손쉽게 들고 다니며 할 수 있어서 이해 못하는 부분을 눈으로 바로 확인할 수 있어 편리합니다.

준비물 두꺼운 종이(또는 택배 박스), 테이프, 자, 줄, 빨대, 펜

이렇게 학습해 보세요

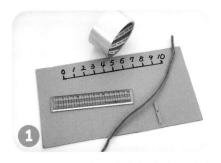

두꺼운 종이 위에 아이와 함께 수직선을 그려 주세요. 그리고 아이가 수직선에 맞춰 수를 적게 합니다. 그리고 각 숫자가 오른쪽으로 갈수록 커지고 있음을 알려 주세요.

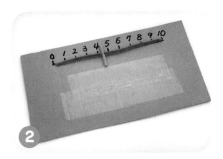

0과 10에 구멍을 뚫고 줄을 연결합니다. 그리고 그 사이로 빨대를 넣어 아이와 함께 빨대를 움직이며 수 찾기 놀이로 수의 위치를 파악하게 합니다. 하단에는 테이프를 붙입니다.

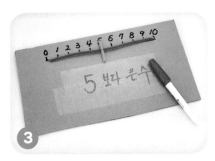

엄마가 "5보다 큰 수를 찾아 보세요"라고 요청하세요. 아이가 빨대를 옮겨 5에 두게 하고, 답을 찾게 한 후 아이가 말하는 수를 하단의 테이프 위에 적어 주면 됩니다. 답이 맞으면 물 티슈로 지우고 다시 합니다.

엄마가 "2와 4 사이의 수를 모두 알려 주세요"라고 요청하세요.

다음에는 2와 7 사이의 수를 찾게 하고 아이가 잘 모르면 빨대를 하나 더 끼워서 정확한 범위를 보여주면 찾기 쉽습니다. 사이 수 찾기는 단골손님입니다. 다양한 문제로 접해 주세요.

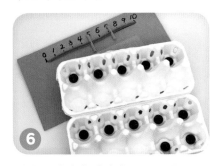

엄마는 아이가 지정한 수(5, 7)를 보고 "7은 5보다 얼마나 클까?"라고 물어보세요. 모르면 달걀판에 해당 수의 바둑알을 넣고 대응 비교를 하여 알려 주면 좋습니다.

 이렇게 지도해 보세요

엄마표 수학의 장점은 오롯이 한 아이에게 집중할 수 있다는 것입니다. 따라서 교육 수준도 아이의 이해 정도에 맞춰 갈 수 있습니다. 또 교구를 직접 만들어서 관찰하기 때문에 교구에 맞춰 질문을 하면 아이가 직접 관찰하면서 수를 찾을 수 있습니다. "7은 5보다 얼마나 클까?"라고 물었을 때 아이가 어려워 한다면 "5에서 비즈를 몇 칸 더 움직이면 7에 도착할까?"라고 질문을 바꿔서 교구를 통해 생각하도록 할 수 있습니다. 아이의 수학적 사고력을 계발하기 위해서는 쉬운 것만 할 수는 없습니다. 기초적인 질문에서 시작하여 관찰하고, 발견할 수 있도록 하는 것이 좋습니다. 교육을 하는 엄마 입장에서도 많이 물어보고 시행착오를 겪어야 아이의 수준을 정확하게 알고, 어떻게 이끌어야 할지 감이 옵니다.

DAY 043 큰 수 찾기 놀이

수의 성질과 10 만들기

Day 042에서 수직선상의 수 크기와 사이 수도 살펴보았습니다. 이번에는 두 사람이 수 카드를 내어서 큰 수를 낸 사람이 카드를 모두 가져가는 게임을 해봅니다. 똑같이 10장의 수 카드를 가지고 시작하고, 한 번 사용한 카드는 다시 사용할 수 없기 때문에 눈치도 봐야 하고 전략을 잘 세워야 합니다. 처음에는 모든 아이들이 큰 수만 내려고 하는데 게임을 반복하면서 전략의 필요성을 알게 된답니다.

준비물 트럼프 카드 1세트, 종이컵 2개

이렇게 학습해 보세요

1 트럼프 카드 1세트와 종이컵 2개를 준비합니다. 엄마는 스페이드 1에서 10까지의 카드를, 아이는 하트 1에서 10까지의 카드를 가지고 시작합니다.

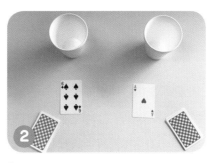

2 "하나, 둘, 셋"과 함께 한 번에 각자 카드를 1장씩 냅니다.

3 각자의 카드를 펼쳐서 더 큰 수를 낸 사람이 자신의 종이컵에 카드를 넣습니다.

4 만약, 두 사람의 카드의 수가 같다면 그 카드는 옆에 모아 놓습니다.

5 10장을 모두 내게 되면 서로 몇 장의 카드가 종이컵에 있는지 비교해 봅니다. 익숙해지면 각각 20장의 카드를 가지고 해 봅니다.

이렇게 지도해 보세요

아이와 게임을 하다 보면 아빠는 봐주지 않고, 엄마는 아이와 즐겁게 놀아 주기 위해서 봐주는 경우가 많이 있습니다. 각 가정마다 부모의 성향에 따라서 차이가 납니다. 아이와 씨름을 하든 또는 컴퓨터 게임을 하든 적당히 져주면서 놀아 주는 것이 좋을지 모르겠지만, 논리적인 전략 게임은 봐주지 않는 것이 좋습니다. 공정하게 한 장씩 내는 게임인데 만약 아이가 계속해서 지게 되면 아이도 이에 대해 스스로 생각하게 됩니다. 유아들은 가위바위보를 해도 어른을 이기기가 쉽지 않죠. 보통은 심리전에 약하거나 뻔한 규칙을 보이기 때문입니다. 아이의 약점이 보이는데도 봐주면서 깨닫지 못하도록 하는 것보다 무엇인가 잘못되었다는 것을 스스로 알게 하는 것이 좋습니다. 이런 종류의 게임은 간단해서 생각보다 아이들이 빨리 전략을 익히고 어느 사이에 부모보다 잘하게 될 수도 있습니다.

DAY 044 바둑알 숫자 놀이

10을 만드는 놀이를 합니다. 이것은 받아올림과 받아내림에서 아주 중요한 역할을 합니다. 10이 되는 수를 아는 것은 연산에 중요하니 다양한 방법으로 반복 학습해야 합니다. Day 013에서 살펴본 것과 같이 5씩 나누어 세는 것은 큰 수를 익히는 데 도움이 됩니다. 10을 5가 2개인 수로 인식할 수 있도록 10을 5씩 2개를 나열하여 활동합니다.

준비물 바둑판, 바둑알 또는 구체물, 10구 달걀판

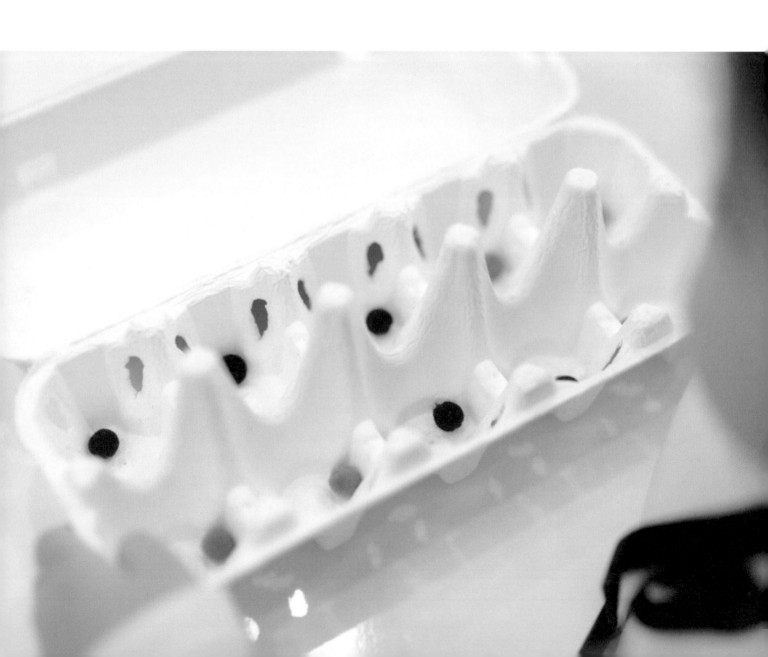

이렇게 학습해 보세요

1 바둑판, 바둑알, 달걀판을 준비합니다.

2 바둑알을 다양한 경우의 수로 만들어 주세요.

3 엄마가 달걀판에 바둑알 10개를 놓아서 기준을 잡아 주세요. 즉, 달걀판이 다 차면 그것이 10이 된다는 기준을 알려 주면 됩니다.

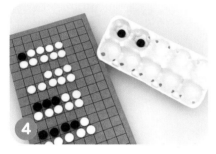

4 바둑판에 있던 바둑알 2개를 빼서 달걀판에 놓으며 "10이 되려면 몇 개가 더 있어야 할까?"하고 물어보세요. 아이가 빈칸을 보고 말해도 무방합니다. 안된다면 아이가 나머지 자리에 놓을 수 있도록 기다려 줍니다.

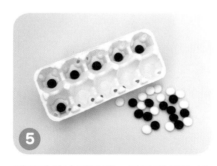

5 바둑판에서 연결하는 것을 마치면, 달걀판 만으로 진행하세요. 엄마가 "엄마는 6개를 놓았는데 10이 되려면 얼마가 더 필요한 거지?"라고 한 번 더 묻고 아이의 답을 기다립니다.

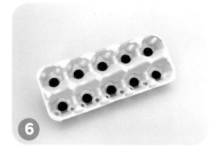

6 엄마가 2, 3 각각을 넣어두고 아이가 나머지를 채워 10을 만드는 놀이를 반복합니다. 아이와 하고 나서 10을 만드는 경우를 수 카드로 조합해 보면서 놀이를 정리해 보면 기억에 좋습니다.

이렇게 지도해 보세요

초등학교 때는 연산이 중요합니다. 연산은 수학의 기초이고, 수능 때까지 십 년이 넘게 반복 응용해야 해서 연산이 약한 학생은 아무래도 다른 학생보다 시간이 부족하거나 실수가 많겠죠. 초등 연산에서 가장 중요한 것이 무엇일까요? 저는 가르기, 모으기 학습이라고 생각합니다. 학생들이 연산에서 틀리는 부분을 보면 곱셈, 나눗셈보다는 덧셈, 뺄셈이 훨씬 많습니다. 곱셈, 나눗셈 문제도 많이 틀리지만 대부분은 곱셈, 나눗셈의 과정에서 덧셈이나 뺄셈을 틀립니다. 곱셈구구는 외우는 것이라서 틀리는 경우가 거의 없습니다. 덧셈, 뺄셈의 정확도와 속도를 좌우하는 것은 가르기, 모으기입니다.

DAY 045

빨래집게로 숫자 놀이

10 만들기는 두 자리 수를 이해하는 데 도움이 됩니다. 10을 잘 이해하면 20, 30은 물론이고, 그 이상의 수들도 술술 알게 됩니다. 그러니 10을 만드는 부분에 다양한 놀이로 접하게 하여 이미지화를 시키는 연습이 중요합니다. 집에 있는 옷걸이와 빨래집게로 활용 가능한 놀이입니다.

준비물 옷걸이, 빨래집게, 숫자 카드

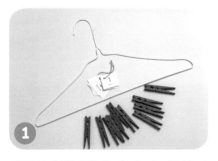

1 옷걸이와 빨래집게, 숫자 카드를 준비합니다.

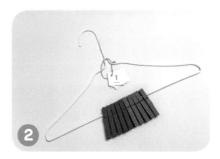

2 옷걸이에 빨래집게 10개를 걸어 준비하세요. 아이가 수를 세며 옷걸이에 집게를 걸게 해 주세요.

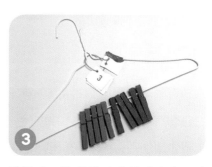

3 달력 수 3을 옷걸이에 붙이며, "10이 되려면 얼마가 필요할까?"라고 질문해 보세요.

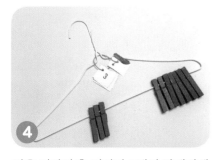

4 답을 기다린 후 엄마가 3개의 빨래집게를 옆으로 살짝 밀어 주세요. "3이 있으니 몇 개가 더 있어야 10이 될까?"라고 묻고, 아이가 나머지 개수를 세어서 수 카드를 찾아 붙일 수 있게 합니다.

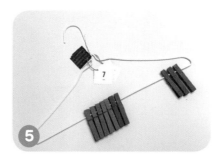

5 7이라는 숫자를 보여주고, 뭐가 있어야 10이 되는지 물어보세요. "7과 3이 만나면 10이 되는구나"라며 자기가 채운 숫자를 찾아 10이 됨을 인지하게 합니다. 이 과정을 계속 반복해 보세요.

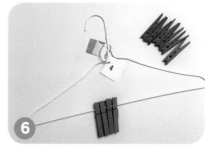

6 빨래집게 10개를 빼고, 4개의 빨래집게를 붙이고, 얼마가 있어야 10이 되는지 물어봅니다. 주변에 걸어 두고 아이와 자주 반복하면 머릿속에 이미지화시키는 데 정말 좋습니다. 어린아이일수록 찾는 답이 5를 넘지 않게 합니다.

이렇게 지도해 보세요

'0이 짝수인지, 홀수인지', '음수는 무엇인지', '나눗셈은 어떻게 하는 것인지' 등의 내용을 아이들이 궁금해 하면 어떻게 하는 것이 좋을까요? 초등학교에서는 "5보다 작은 짝수를 모두 쓰시오." 하면 2, 4만 써야 합니다. 따라서 0이 짝수임을 굳이 가르쳐 주지 않아도 됩니다. 음수나 나눗셈도 마찬가지겠죠. 하지만 아이가 수학에 관심이 많고, 책을 보면서 알게 되어 물어본다면 정확하게 가르쳐 줄 필요가 있습니다. 짝수라면 이렇게 대답해 줄 수 있겠죠. "중학교에 올라가면 0이 짝수라는 것을 배우지만 초등학교까지는 눈에 보이고, 손으로 셀 수 있는 수 위주로 배우기 때문에 0이 짝수도 홀수도 아니라고 약속했어."

DAY 046

종이컵으로 숫자 놀이

엄마의 휴식이 필요하시죠? 옆에서 아이가 하는 것만 지켜봐 주셔도 됩니다. 수와 일치하는 도트를 찾는 것을 **Day** 015에서 했었죠. 이번에는 숫자와 도트를 같이 연결해서 10 만들기입니다. 앞서 만든 숫자 놀이 컵 있으시죠? 그걸로 활용하시면 됩니다. 아이가 스스로 돌려가며 할 수 있습니다. 아이가 스스로 하도록 지켜봐 주세요.

준비물 종이컵 3개

① 컵 세 개가 필요합니다.

② 두 개의 컵에는 숫자, 다른 컵에는 도트를 랜덤으로 나열하여 그려 주세요.

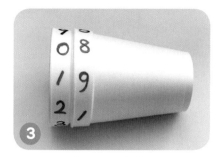

③ 수가 랜덤으로 써져 있어서 엄마가 옆에서 8과 연결해서 10이 되는 게 뭔지 찾게 요청하세요.

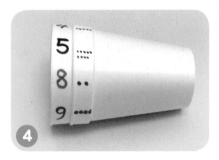

④ 엄마가 달력 수 6을 보여주며, "6과 합쳐서 10이 되는 도트를 찾아 주세요"라고 한 뒤, 찾았다면 "그 수를 찾아 6 옆에 놓아 주세요"라고 합니다. 이런 방법으로 10을 이루는 다양한 경우의 수를 찾아 봅니다.

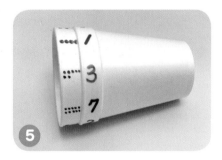

⑤ 한 번 하고 나면 컵의 순서(도트 컵을 앞, 숫자 컵을 뒤)를 변경해서 찾게 하면 완벽 이해됩니다. 계속 돌리면서 아이 혼자 쉽게 연습할 수 있답니다.

이렇게 지도해 보세요

수학 교육 전문가를 자처하지만 "아이가 7세인데 어떤 학습지를 시키는 게 좋을까요"라는 질문은 매우 곤란합니다. 아이들의 성향은 저마다 다르고, 그동안 무엇을 해 왔는지에 따라서 더욱 차이가 많이 나기 때문입니다. 수준에 맞는 수학 교육으로 약간은 어렵지만 70~80% 정도는 해결이 되는 정도가 좋습니다. 너무 쉬워도 배울 것이 없고, 너무 어렵기만 하면 흥미가 금방 떨어집니다. 아이의 사고 수준에 맞는 교육을 해 주세요.

DAY 047 숫자 연결하기

수의 성질과
10 만들기

유명한 릴브레인 교구와 유사한 활동으로, 앞서 진행한 10 만들기를 이제 숫자만 보고도 바로 알 수 있는지 확인하는 놀이입니다. 아이들이 연산으로 들어갈 때 언제나 손가락만 셀 수는 없습니다. 10 만들기 이미지를 심어 주었다면 숫자로의 접목은 중요한 부분입니다. 어린아이의 경우는 낮은 숫자부터 진행하면 됩니다.

준비물 펀치, 빳빳한 종이, 끈, 사인펜

1

펀치, 빳빳한 종이, 끈, 사인펜을 준비합니다.

2

아이와 처음 만든 교구를 쉽게 확인하기 위해 같은 수 찾기 놀이를 진행합니다.

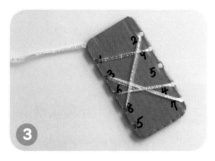

3

1에서 시작합니다. "1은 어디랑 연결해야 10이 될까?"라고 질문한 후, 연결할 수 있도록 충분한 시간을 주세요.

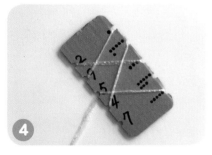

4

수 연결을 마쳤다면 수와 도트의 연결로 심화 놀이를 해 주세요.

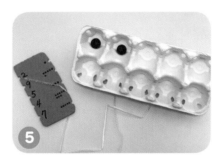

5

모르는 듯하면 달걀판을 가져와 빈칸을 보고 답을 찾을 수 있도록 합니다.

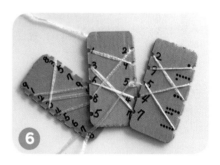

6

끈을 다시 풀어 반복적인 질문으로 한 번 하고 나면 아이 스스로 연결하고, 엄마는 체크만 하면 됩니다.

이렇게 지도해 보세요

꼭 아이에게 직접 문제를 만들어 보도록 하세요. 한쪽에 1과 9를 함께 적으면 10 만들기 판이 성립하지 않습니다. 정확하게 10을 만들 수 있는 수를 알아야 문제를 만들 수 있다는 뜻입니다. 남이 만든 문제를 풀어보는 것보다 더 수준 높은 공부는 직접 문제를 만들어 보고, 서로 문제를 만들어 주면서 하는 방식입니다. 이 과정은 완벽한 이해를 동반해야 하고, 상당히 재미있는 공부입니다. 학원 수업은 이런 방식을 선택하지 않습니다. 한두 명의 아이를 대상으로 수업을 할 수 없기에 통제가 쉽지 않고, 많은 문제를 풀어야 한다는 생각 때문에 질보다 양을 선택하기 때문입니다. 홈스쿨에서는 아이에게도 문제를 내어보게 하세요. 진정한 수학의 재미를 느낄 수 있을 뿐 아니라 수학을 소재로 부모와 대화를 할 수 있는 아이로 키울 수 있습니다.

DAY 048

확인학습
수의 성질과 10 만들기를 학습해요.

1 남는 것 없이 짝을 지을 수 있는 수를 찾아 ○표 해 보세요.

❶ **1**　❷ **3**　❸ **5**　❹ **6**　❺ **9**

2 둘 중 더 큰 수에 ○표 해 보세요.

❶ **2** **7**　❷ **6** **3**　❸ **9** **8**　❹ **4** **5**

3 바나나가 10개 있습니다. 바나나 껍질은 먹은 바나나의 수를 나타냅니다.
바나나 껍질의 수만큼 바나나에 X표 하고 남은 바나나의 수에 ○표 해 보세요.

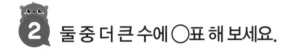

| 1 | 2 | 3 | 4 | 5 | 6 | 7 | 8 | 9 | 10 |

4 서로 연결했을 때 블록이 10개가 되도록 선으로 이어 보세요.

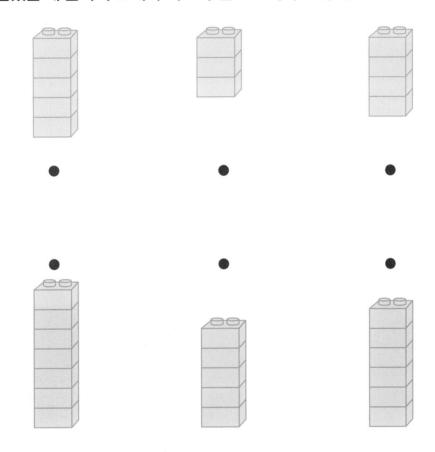

5 모아서 10이 되는 두 수를 서로 연결해 보세요.

포스트잇 놀이

이제는 10 이상의 수를 읽을 수 있는 연습을 해 볼 것입니다. 여러 장의 포스트잇을 준비하여 10을 적고, 같은 숫자 1의 자리 변화에 따라 읽는 방법을 알려 주는 놀이입니다. 두 자리 수의 자릿값을 배우기 전 자연스레 읽는 연습을 해줍니다. 20은 10이 2장 있으면 20이 되고, 거기에 낱개 수가 변하면 읽는 방법이 변하는 것을 보여 주세요. 그러면 다른 두 자리 수를 자동으로 예측하여 읽을 수 있답니다.

준비물 포스트잇, 펜, 가위

포스트잇, 펜, 가위를 준비합니다.

먼저 하나의 포스트잇에 10을 적고, 1~9까지는 포스트잇의 반을 자른 후 적어 주변에 두세요.

엄마가 11에서 19까지 중에서 하나의 숫자를 말하면 아이가 그에 맞게 10이 적힌 포스트잇에 반으로 자른 포스트잇을 붙이게 합니다. 반대로 아이가 말하고 엄마가 붙이는 과정도 해 주세요.

아이가 잘 해내면, 포스트잇에 도트 카드를 만들어 붙여 주세요.

10 묶음으로 된 도트 카드를 10 아래에 붙여서 수량의 변화를 같이 관찰합니다.

이렇게 하면 90 이상의 수도 이해하면서 읽을 수 있답니다. 마칠 때마다 엄마는 10의 자릿값만 변경해 주면 됩니다.

이렇게 지도해 보세요

두 자리 수의 의미를 정확하게 배우는 것도 중요하지만 두 자리 수를 읽는 방법을 먼저 알아도 괜찮습니다. 닭이 먼저냐 달걀이 먼저냐의 논쟁처럼 수를 읽는 방법을 익히면서 십의 자리와 일의 자리의 규칙을 발견하게 되고, 그 후에 의미를 더 잘 이해할 수도 있습니다. 두 자리 수를 익힐 때 아주 간단한 활동으로 엄마와 아이가 엄마 1, 아이 2, 엄마 3, 아이 4와 같이 번갈아가면서 100까지의 수를 말하기만 해도 엄마와의 활동을 좋아하는 아이들이 규칙을 알아가면서 재미있어 하기도 합니다. 또 한 가지는 100까지의 수 배열판을 활용하는 것이 도움이 됩니다. 거실 유리창에 가로 한 줄에 10개씩, 1에서 100까지의 수가 배열되어 있는 수 배열판을 붙여두고 틈틈이 보면서 읽게 하면 빨리 익힐 수 있고, 수의 구조를 파악하는 데 도움이 됩니다.

DAY 050

길이가 다른 두 심 놀이

Day 049에서 포스트잇으로 두 자리 수 읽기를 보여줬습니다. 이번은 휴지 심과 키친타월 심을 이용해서 읽기 놀이를 진행하는 방법입니다. 길이가 다른 두 개의 심을 끼워서 돌리면 되는 아주 간단한 놀이입니다. 아이들 혼자서 집중하며 읽을 수도 있고 엄마가 옆에서 돌려가며 아이의 두 자리 수 읽기의 속도를 높여줍니다. 앞에서는 천천히 읽는 연습을 했다면 이제는 보고 바로 바로 입으로 아웃 풋하는 방법입니다.

준비물 휴지 심, 키친타월 심, 펜

1 휴지 심과 키친타월 심, 그리고 펜을 준비해 주세요. 각 심의 끝 부분에 0~9까지의 수를 적고 휴지 심을 키친타월 심 안으로 넣어 주세요.

2 먼저 엄마가 심을 돌려가며 나오는 10 이상의 수를 읽습니다. 아이가 혼자 할 줄 안다면 스스로 돌리게 하여 아웃 풋하는 방법으로 해 보세요.

3 계속해서 10의 자리를 변경하며 읽는 연습을 합니다.

4 아이들이 읽는 것이 끝났다면 엄마가 하나의 수를 정해 물어보세요. "13을 어떻게 만들지?"라고 묻고, 돌려서 이 숫자를 만들 수 있는지 보세요.

5 35에 한 번 더 멈추고, 아이와 이 수에 해당하는 것을 구체물로 어떻게 표현하는지 보여 주세요. 이 활동을 반복하다 보면 자릿값 활동을 할 때 아주 수월합니다.

이렇게 지도해 보세요

수학 놀이의 최고의 목표는 수학에 대해 부모와 아이가 솔직한 이야기를 나눌 수 있는 것이 아닐까 생각합니다. 어릴 때는 문제집이 아니라 놀이로 하는 수학이 이런 관계를 만들 수 있습니다. 가족 모두가 아니라도 엄마나 아빠가 아이들과 수학으로 놀아주는 역할을 할 수 있다면 얼마나 좋을까요? 이렇게 할 수 있는 요령은 난이도 조절입니다. 시작은 수수께끼로 해도 좋고, 말로 할 수 있는 게임도 좋습니다. 예를 들면 차를 타고 가면서 보이는 글자를 조합해서 자기 이름 만들기, 끝말 잇기, '덜컹덜컹'과 같이 반복되는 말 만들기와 같은 게임부터 시작해서 간단한 수학 문제를 놀이로 풀어보고 즐길 수 있으면 됩니다. 어려운 문제보다는 재미있는 문제로 시작하는 것이 좋습니다. 어릴 때는 부모님이 문제를 내줘야 하겠지만, 아이가 크면서 자기도 문제를 내보겠다고 할 겁니다.

DAY 051

자릿값 찾기

아이들이 53을 35로 쓰는 경우가 종종 있습니다. 자릿값의 의미를 이해하지 못해 생기는 일이죠. 아이에게 두 자리 수의 의미를 정확히 이해시키면 두 자리에서 세 자리 수로 진행할 때도 자연스레 이해하게 됩니다. 공책에 십의 자리와 일의 자리에 밑줄을 그어, 십의 자리에는 10의 개수를 쓰고, 일의 자리는 일의 개수를 쓰는 것임을 보여줍니다. 그러면 아이들이 10이 만들어지면 10의 자리에 수를 써야 함을 알게 됩니다.

준비물 종합장, 테이프, 마커 펜, 스티커

이렇게 학습해 보세요

1 종합장, 테이프, 마커 펜을 준비하세요.

2 스티커에 1과 11을 적어서 준비하세요. 공책에 두 자리를 표시하시고 하단에 테이프를 붙여 주세요.

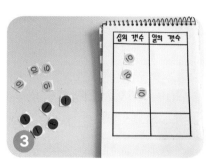

3 '십의 개수'라고 쓴 자리에 10을 3개 놓고 아이에게 "10이 몇 개 있지? 3개네. 그럼 아래에 3을 써 보자"라고 말해 보세요.

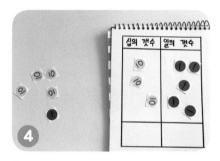

4 "1이 몇 개 있지? 5개네. 그럼 일의 자리에 5를 써 보자"라고 말해줍니다.

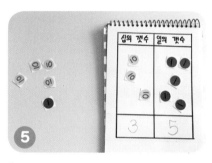

5 "10이 3개, 1일 5개라서 35를 이렇게 적는거야"라고 말하면서 3이 무엇을 말하는지, 5가 무엇을 말하는 것인지 거꾸로 물어보세요.

6 하단에 테이프를 붙이면 마커 펜으로 쓰고 물티슈로 지울 수 있어 다양한 수로 반복 가능합니다.

이렇게 지도해 보세요

수학 코칭에서 가장 중요한 것은 아이가 스스로 알아냈다고 착각하도록 하는 것입니다. 어떤 학문이든 주어진 자료나 배경지식 없이 스스로 알아낼 수 있는 것은 없습니다. '수학은 스스로 풀어야 실력이 는다'는 말로 가르치기를 망설이는 부모님이 있다면 생각을 바꿔야 합니다. 이는 개념과 원리의 이해 후에 문제를 해결하는 과정에서 스스로 많은 연습을 거쳐야 자기 것이 된다는 말이지, 개념과 원리의 이해를 스스로 해야 된다는 뜻은 아닙니다. 물론 아이의 생각이 막혔을 때 하나부터 열까지 친절하게 설명해 주는 것은 아이의 자존감을 낮추는 일이며, 생각하는 데 있어서 수동적인 아이가 될 가능성도 있습니다. 적어도 정답은 아이가 찾도록 하고, 함께 생각하는 과정이 있더라도 이후의 결론에 도달하는 과정은 아이의 생각이 있어야 합니다.

두 자리 수

DAY 052 수 펼쳐보기

Day 051에서 진행한 활동을 통해 아이들이 두 자리 수가 어떻게 만들어지는지 알게 되었습니다. 이번에서는 역순으로 수를 보고 그 수에 해당하는 자릿값을 정확하게 추정해 낼 수 있도록 하는 놀이입니다. 10의 개수와 1의 개수를 보고 진행했던 내용을 역순으로 진행함으로 사고의 힘이 한층 커진답니다.

준비물 종합장, 테이프, 마커 펜, 스티커

이렇게 학습해 보세요

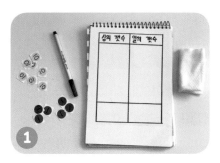

1 Day 051 재료로 다시 진행합니다.

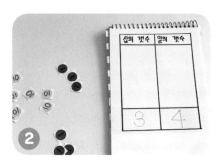

2 Day 051 놀이는 구체물을 보고 수를 모으는 것이라면 이번에는 수만 보고 구체물을 찾는 놀이랍니다. 공책의 하단에 두 자리 수 34를 적습니다.

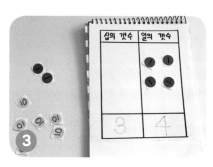

3 하단의 34라는 글을 보고 아이에게 "1이 몇 개라는 말일까?", "4개구나", "그럼, 일의 자리에 1을 4개 붙여 주세요"라고 말해줍니다.

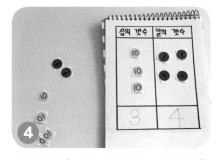

4 아이에게 "10이 몇 개라는 말일까?", "3개네", "그럼, 십의 자리에 10을 3개 붙여 주세요"라고 말해줍니다.

5 다양한 수로 여러 번 진행하게 되면 아이가 두 자리 수를 볼 때, 각 숫자의 자릿값이 보이게 됩니다.

이렇게 지도해 보세요

가끔 문장제 수학 문제에 약하면 독서를 많이 하라는 처방을 내곤 합니다. 이것은 일부는 맞고, 일부는 틀렸습니다. 초등 1, 2학년 시기에 한글을 늦게 깨우친 아이에게는 맞는 말이지만, 동화책을 읽는 데는 아무런 문제가 없는데 유독 문장으로 된 수학 문제에 약하다면 독서가 해결 방법이 아닙니다. 수학은 규칙의 학문이고, 다양한 상황과 조건들이 있습니다. 책 읽기는 잘 하면서 수학 문장제에 약한 아이는 다양한 수학 문제를 풀어 보는 것이 필요합니다. 더불어 많은 문제를 푸는 것보다 정확하게 알아가야 합니다. 문장제 수학 문제는 초등 저학년보다 초등 고학년이 더 어려움을 겪습니다.

DAY
053

수 맞추기

종이컵 2개에 십의 자리에는 1~9, 일의 자리에는 0~9까지의 수를 적어 준비합니다. 아이에게 10 스티커 여러 장을 보여주시고, 1 스티커를 여러 장 보여주세요. 그래서 만들어진 숫자를 종이컵으로 찾는 놀이입니다. 아이가 인지한 두 자리 수가 어떻게 생성되는지를 보여주는 놀이로, 자릿값을 헷갈려 하는 아이들에게는 최고의 활동이 될 겁니다.

준비물 종이컵 2개, 숫자 스티커, 종합장

1
종이컵 2개 중 하나는 1~9(십의 자리), 다른 하나는 0~9(일의 자리)까지 적고 스티커와 종합장(Day 051)을 준비합니다.

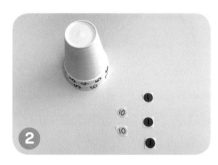

2
10 스티커 2장과 1 스티커 3장을 보여 주세요. 그리고 아이에게 "이 수는 몇일까요?" 하고 묻습니다. 아이가 답을 했다면, 종이컵을 돌려 찾게 합니다.

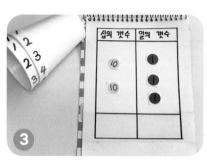

3
만약 모른다면, 10이 몇 개인지 알려 주고, 다음에 1이 몇 개인지 알려 주세요. 앞선 자릿값 프레임에 놓아 봅니다. 그리고 다시 한번 알려 주세요.

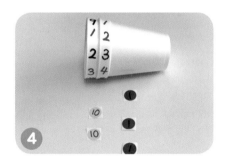

4
종이컵을 돌려 맞춰보게 해 주세요.

5
10 스티커 4장과 1 스티커 2장을 보여 주세요. 그리고 아이에게 "이 수는 몇일까요?" 하고 묻습니다. 아이가 답을 했다면, 종이컵을 돌려 찾게 합니다.

6
엄마가 먼저 말하지 말고 궁금해 하세요. 아이가 답하는 기회를 줘야 합니다. 종이컵 돌리기는 쉽고 바로 답이 나오기 때문에 아이들이 혼자서 쉽게 연습할 수 있습니다. 꼭 기다려 주세요.

이렇게 지도해 보세요

수학은 재미있는 학문입니다. 개념과 원리를 배우면서 새로운 약속과 규칙을 알게 되고, 문제를 풀 수 있게 됩니다. 큰 아이들이야 수학 공부를 하면서 문제를 해결하는 성취감이 있다고 생각할 수 있지만 어린아이들이 그럴 것이라는 생각은 잘 하지 못합니다. 그런데 아이들을 가르치다 보면 게임이나 활동 방식의 수업을 즐거워하는 것 이상으로 무엇인가를 새롭게 알고 선생님의 질문에 답을 한다거나 문제를 해결하는 과정에서 즐거움을 느낍니다. 이 과정에서 오는 성취감은 다른 학습과 비교하기 힘든 즐거움이 있습니다. 그런데 이런 즐거움은 쉬운 것만 반복해서는 얻을 수가 없습니다. 엄마의 역할 중 하나가 아이의 수학적 감각을 파악하고, 쉬운 학습과 어려운 학습 사이의 난이도를 유지해 주는 것입니다. 통계로 보면 초등학교 1학년 학생들 대부분이 수학을 재미있게 생각한다고 합니다. 아이가 특별히 똑똑하거나 수학을 유난히 싫어하지 않고 꾸준히만 한다면 대부분 재미있게 진행할 수 있습니다.

DAY 054

두 자리 수

나와 같은 수 찾기

자릿값을 배우고 나면 11과 21이 다른 수임을 알게 됩니다. 하지만 직접적으로 아이들에게 보여주는 것과 활용해 보는 것이 중요합니다. 직접 연결되는 활동을 통해 아이들이 쉽고 재미있게 이해하길 도와줍니다. 10 이상의 수 에서 헷갈리는 일은 없을 겁니다.

준비물 종이컵 2개, 스티커

1

종이컵 2개 중 하나는 1~9, 다른 하나
는 0~9까지 작성합니다. 십의 자리에
해당하는 컵에는 자릿값을 같이 적어
두세요.

2

10과 1을 적은 스티커를 아이와 같이
만들어서 준비합니다.

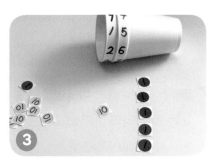

3

종이컵으로 15를 만들어 달라고 한 후
에 10과 1을 적은 스티커로 10이 몇 개
인지, 5는 1이 몇 개인지를 묻습니다.

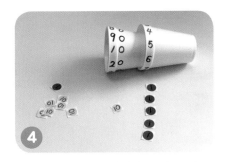

4

그리고 종이컵을 펼쳐서 보여 주세요.
그리고 아이와 해당 수에 대한 자릿값
을 다시 한번 알려 주세요.

5

숫자 스티커로 하다가 아이가 잘 알면
종이컵을 돌려 입으로 말하게 하면 됩
니다. 그리고 종이컵을 펼쳐 확인하면
됩니다. 엄마가 아이에게 하는 방법을
한 번 보여줍니다. 그리고 아이에게 넘
기세요. 반드시 기다려 줘야 합니다.

이렇게 지도해 보세요

초등 입학 전에 공부해 두면 좋은 것이 첫째는 한글, 둘째는 연산입니다. 특히 아이가 첫째라면 초등학교에 입학해서
준비해야 할 것에 대해 많이 궁금해 합니다. 학교에서 배우는 것들이지만 미리 해 놓는다면 학교생활 적응에 도움이
되는 것은 위의 두 가지입니다. 한글은 실제로 교과서가 한글로 이루어져 있으니 도움이 되고, 연산은 연습이 필요한
부분이라 배운다고 금방 잘 되는 것은 아니기 때문에 미리 준비한다면 좋습니다.

DAY 055 큰 수 찾기

두 자리 수

한 자리 수의 크기 비교는 일대일 대응이나 수직선 위의 수로 파악하기 쉽습니다. 하지만 10 이상의 수의 크기 비교는 한 자리의 수의 비교와는 다릅니다. 만약 수가 커지면 두 자리 수를 앞선 스티커의 일대일 대응처럼 하게 되면 시간도 많이 필요하고, 힘들겠죠? 그래서 두 자리 수가 되면 10개씩 묶음과 낱개의 의미를 가지므로 수 모형을 이용해서 비교하면 편하답니다. 수의 크기를 비교하는 것은 일상생활에서 매번 마주하는 선택의 순간에 꼭 필요한 것이고 자주 등장하는 것이기에 판단하는 기준을 배우는 연습이라 생각하면 됩니다.

준비물 포스트잇, 하드 막대 2개

✏️ 이렇게 학습해 보세요

1

10단위의 수를 적은 큰 포스트잇과 1 단위의 수를 적은 작은 포스트잇, 그리고 하드 막대 2개를 준비합니다.

2

엄마가 10단위의 큰 포스트잇에서 일의 자리에 각각 3과 7을 붙여 13과 17의 포스트잇을 만듭니다. 그리고 이것을 아이에게 보여 주며 어느 수가 큰지 물어보세요.

3

아이의 대답을 기다렸다가 듣고, 포스트잇을 펼쳐서 십의 자리가 같으니 일의 자리의 수만 비교하면 된다는 것을 알려 주세요.

4

이번에는 십의 자리가 다른 17과 23의 포스트잇을 보여줍니다. 아이에게 어느 수가 큰지 물어보세요.

5

아이의 대답을 기다렸다가 듣고, 포스트잇을 펼쳐서 십의 자리가 다름을 보여 주고, 일의 자리가 아닌 십의 자리부터 비교함을 알려 주세요.

6

아이가 이해를 못하면 20을 10단위 2개로 변경하여 일대일 대응으로 보여 주세요. 그래도 잘 모르면 구체물로 한 번 더 보여 주세요.

이렇게 지도해 보세요

수의 크기를 이해하는 다른 방법을 하나 더 소개합니다. 바로 순서대로 수 세기입니다. 수를 셀 때 뒤에 나오는 수는 큰 수입니다. 순서대로 수를 세면 점점 커지고, 거꾸로 수를 세면 점점 작아집니다. 거꾸로 세기는 처음에는 아이들에게 상당히 어렵습니다. 하지만 크기 비교를 할 때는 순서대로 세기만 잘해도 충분히 할 수 있죠. 수 세기를 잘해 두면 수를 다양하게 이해할 수 있습니다. 앞에서 이야기한 것처럼 100까지의 수의 순서를 잘 익힌다면 두 자리 수의 크기 비교도 어렵지 않게 해낼 수 있습니다. 물론 "수를 순서대로 세었을 때 35와 60 중에서 뒤에 나오는 수는 무엇일까요?"와 같이 물었을 때, 아이들이 쉽게 대답할 수는 없습니다. 수 배열판을 보거나 충분한 시간을 주고 생각해 보도록 한다면 대답하는 속도는 차츰 빨라질 것입니다. 순서대로 수 세기, 거꾸로 수 세기는 덧셈, 뺄셈의 이해도 돕습니다.

DAY 056 확인학습
두 자리 수를 학습해요.

 1 그림이 나타내는 수의 합을 써 보세요.

❶

10원 10원 10원

1원 1원 1원 1원 1원

⬜

❷

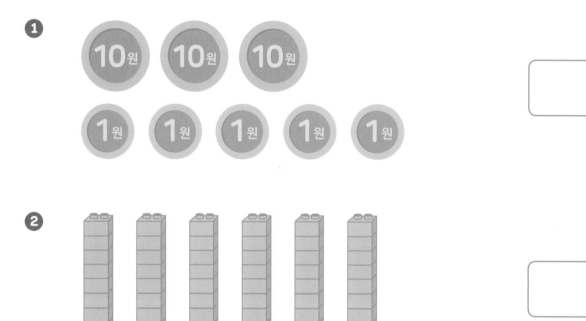

⬜

 2 빈 곳에 들어갈 알맞은 수를 찾아 ◯표 해 보세요.

31	32	33	34	35	36	37	38	39	40
41	42	43		45	46	47	48	49	50

❶ **24**　　❷ **44**　　❸ **52**　　❹ **60**

정답 : 217페이지

3 모두 53이 되도록 10과 1에 ◯표 해 보세요.

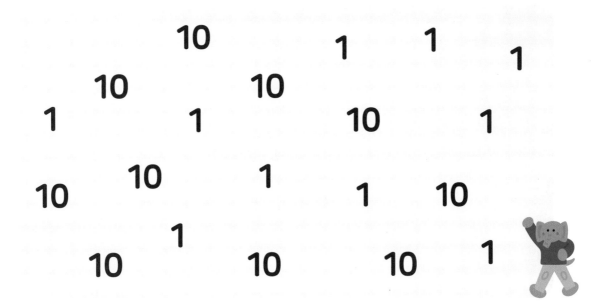

4 똑같은 숫자를 조합해 2개의 수를 만들었습니다. 더 큰 수에 ◯표 해 보세요.

1 | 12 | 21 |

2 | 65 | 56 |

3 | 37 | 73 |

4 | 49 | 94 |

5 다음 중 가장 큰 수에 ◯표 해 보세요.

 15
 30
 26
 71
55

DAY 057 종이로 덧셈 놀이

한 자리의 덧셈을 하다가 두 자리 덧셈을 하게 되면 어려움을 겪는 아이들이 있지요. 10을 만들어서 연습을 하면 쉽습니다. 이미 만들어진 10에 여러 가지 수를 더해서 나온 수를 보면, 두 자리의 복잡한 연산도 10을 만들면 해결이 된다는 것을 알게 됩니다. 10 만들기가 왜 중요하고, 연산에서 왜 필요한 부분인지 알게 됩니다.

준비물 A4용지, 가위, 펜

1

A4용지와 가위, 펜을 준비합니다.

2

종이를 잘라 각각 4칸으로 준비하세요.

3

각 칸에 10과 한 자리의 수를 아이와 함께 다양하게 준비합니다.

4

10과 한 자리 수 중간에 더하기 기호를 넣어줍니다. 더하기 기호를 넣고 다시 읽도록 해 주세요.

5

만든 종이들을 접으면서 읽어 보게 합니다. 엄마가 "10을 만들어 계산하면 덧셈은 참 쉽구나"라며 아이에게 알려 주세요.

6

접은 수를 다시 펼쳐 보면서 두 자리 수의 값이 각각 다름을 알려 주세요. 또한 받아올림이 있는 덧셈은 10을 만들면 쉽게 할 수 있는 것임을 알려 주세요.

이렇게 지도해 보세요

'십 + 몇'인 〈10 + 6 = 16〉의 계산은 아이들에게도 쉽습니다. 규칙을 파악하기 어렵지 않기 때문에 답을 구하는 것 자체는 쉽습니다. 그럼에도 이것이 중요한 이유는 받아올림 있는 덧셈의 기본이 되기 때문입니다. 16이 10과 6의 합이라는 것을 강조한 후 〈9 + 7〉을 계산할 때 〈(9 + 1) + 6 = 10 + 6 = 16〉과 같은 순서로 생각하도록 가르쳐야 합니다. Day 057은 뒤에 배울 내용들의 기초가 되는 부분입니다.

DAY 058 달걀판으로 받아올림

받아올림이 있는 덧셈과 받아내림이 있는 뺄셈

받아올림이 있는 한 자리 수 덧셈을 이해하는 놀이입니다. 달걀판에 놓인 바둑알을 가르기를 하여 받아올림을 이해하게 합니다. 두 수 중에 큰 수를 기준으로 두고, 작은 수를 옮겨 10을 만들어 이해하게 합니다. 가르기 모으기가 덧셈에서 이럴 때 중요합니다. 또한 10 만들기 역시 여기에서 제일 중요한 부분입니다. 아이들이 10을 만드는 것을 모른다면 앞선 부분에서 다시 한번 확인하고 돌아 오세요.

준비물 10구 달걀판 2개, 바둑알, 1~9까지의 달력 수

이렇게 학습해 보세요

① 달걀판 2개와 바둑알, 1~9까지의 달력 수를 준비합니다.

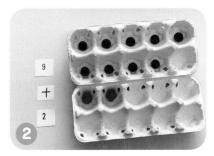

② 달력 수에서 9와 2를 선택하여, 달걀판 옆에 놓고 그에 해당하는 바둑알을 놓아 줍니다.

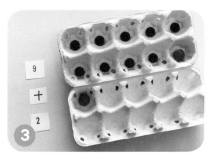

③ 해답을 모른다면 9를 자세히 보게 하세요. 9가 10이 되기 위해서는 얼마가 필요한지 확인합니다. 그러면 1개의 빈자리가 보입니다. 2에서 바둑알 한 개를 빈자리에 옮겨 주게 하세요.

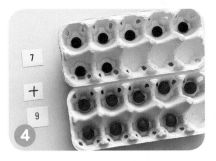

④ 달력 수에서 7과 9를 선택하여, 달걀판 옆에 놓고 그에 해당하는 바둑알을 놓아 줍니다.

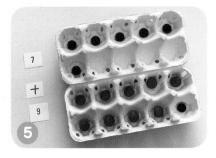

⑤ 자세히 보게 한 후에 빈자리가 어느 곳이 적은지를 보게 합니다. 작은 수에서 바둑알을 옮겨, 큰 수를 10을 만들어 답을 찾게 하세요.

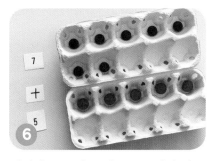

⑥ 달걀판은 10칸을 기준으로 되어 있으니 아이가 그 판을 다 채우면 10이 됨을 압니다. 10을 만들어 연습을 하면 받아올림은 쉽습니다. 다양한 수로 연습해야 합니다.

이렇게 지도해 보세요

받아올림이 있는 한 자리 수 덧셈을 하는 여러 가지 방법이 있습니다.

① $6+8=4+(2+8)$과 같이 6에서 8로 2를 주어 8을 10으로 만들고, 남은 4와 계산

② $6+8=(6-2)+10$과 같이 10에 가까운 수를 10으로 만들고, 10을 만드는 데 필요한 수를 6에서 빼기

③ $6+7=(5+1)+(5+2)=(5+5)+(1+2)$과 같이 5보다 큰 두 수의 덧셈에서 5끼리 더하고, 5보다 큰 수끼리 더하기

처음부터 여러 가지 방법을 배울 필요는 없습니다. 기본 방법이 익숙해질 때 상황에 따라 편리한 방법을 하나씩 가르쳐 준다면 빠르고, 정확하게 계산할 뿐 아니라 수 감각도 기를 수 있습니다.

DAY 059

달걀판으로 받아내림

받아올림이 있는
덧셈과 받아내림이
있는 뺄셈

두 자리 수에서 한 자리 수 빼기 중 받아내림을 하는 경우 아이들이 많이 힘들어 합니다. 받아내림 수의 변화를 이해하기 힘들기 때문이죠. 아이들이 어려워하는 이 부분을 달걀판과 바둑알로 보여 주면서 이해를 확실하게 시켜 줍니다.

준비물 10구 달걀판 3개, 바둑알, 포스트잇

10구 달걀판 3개와 바둑알, 포스트잇을 준비합니다.

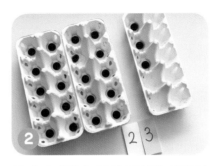

먼저 두 자리 수 23에 해당하는 바둑알을 달걀판에 준비합니다. 그리고 포스트잇에 2와 3을 각각 적은 후 아래에 두세요. 아이에게 23에서 2와 3이 의미하는 값에 대해 설명합니다.

23에서 8개를 빼 달라고 해 주세요. 이 때 23의 3에서 8을 뺄 수가 없어서 20에서 10을 빌려오자고 해 주세요.

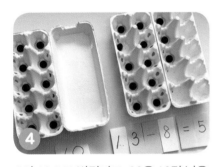

3이 13으로 변경되고, 20은 10만 남은 것을 볼 수 있어요. 이제 13에서 8을 빼면 5가 남는 걸 알게 됩니다.

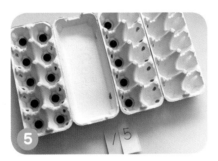

남은 5의 포스트잇을 10이라고 쓴 곳에 붙여서 15로 만들어 주세요. 이 놀이를 반복하면 아이들이 받아내림을 조금 더 쉽게 이해하게 될 겁니다.

이렇게 지도해 보세요

받아내림 있는 한 자리 수 뺄셈을 하는 여러 가지 방법이 있습니다.
① $12-8=10-8+2$와 같이 10에서 8을 빼고 일의 자리 숫자와 더하기
② $14-5=14-4-1=10-1$과 같이 일의 자리 숫자끼리 먼저 빼고, 남은 만큼 더 빼기
두 번째 방법은 일의 자리 숫자의 차가 작을 때 빠르고 정확하게 계산할 수 있는 방법입니다. 첫 번째 방법이 익숙해지면 두 번째 방법을 가르쳐 주세요.

DAY 060

받아올림이 있는 덧셈과 받아내림이 있는 뺄셈

지퍼 백으로 받아올림

덧셈의 기본은 10 만들기입니다. 달걀판이 다가 아니죠. 두 자리 수 10개를 지퍼 백에 넣어서 분리합니다. 그러면 아이들의 입장에서는 '한 자리 수 + 한 자리 수'와 별다른 것이 없습니다. 10에 해당하는 부분을 지퍼 백에 넣어 아이들이 두 자리 수를 어렵지 않게 받아들이게 하면 좋습니다.

준비물 지퍼 백, 바둑알, 포스트잇

1 지퍼 백과 바둑알을 준비하세요.

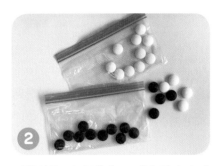

2 바둑알을 지퍼 백에 10개씩 담아서 계산해 보는 연습을 합니다.

3 아이가 원하는 두 자리 수를 포스트잇에 2개 적고 해당하는 수의 바둑알을 각각 덩어리로 놓습니다.

4 덩어리로 있는 바둑알을 지퍼 백을 이용하여 10개로 묶어 주세요.

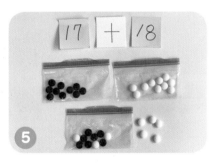

5 10개로 모여지지 않는 일의 자리 수를 묶어서 10으로 만들어 주세요.

6 받아올림이 10이 만들어지면 10의 자리로 옮겨서 계산해야 함을 알려 주세요.

이렇게 지도해 보세요

받아올림이 없다고 하더라도 두 자리끼리의 덧셈은 아이들에게 쉽지 않습니다. Day 060을 공부할 때 꼭 받아올림이 없는 것을 먼저 해 주세요. 충분히 받아올림이 없는 문제로 자릿값의 개념을 익힌 다음에 받아올림이 있는 문제를 다루는 것이 좋습니다. 받아올림이 있는 한 자리 덧셈을 잘하는 아이들 중에도 받아올림이 없는 두 자리 수의 덧셈을 어려워하는 아이들이 있습니다. 한 자리 수를 더해서 십 몇이 되는 것과 두 자리 수의 덧셈을 십의 자리와 일의 자리끼리 하는 것은 다른 개념이기 때문입니다.

DAY 061

포스트잇으로 받아올림

받아올림이 있는 덧셈과 받아내림이 있는 뺄셈

지면에서의 받아올림을 포스트잇 활동으로 쉽게 이해하게 합니다. 세로셈을 보게 되면 어떻게 받아올림이 이뤄지는지 이해하게 됩니다. 일의 자리의 덧셈은 되는데 두 자리 수가 나오면 안 되는 아이들에게 쉽게 받아올림의 원리를 이해할 수 있게 합니다.

준비물 연습장, 펜, 포스트잇, 10구 달걀판, 바둑알

1 연습장과 펜, 포스트잇을 준비합니다.

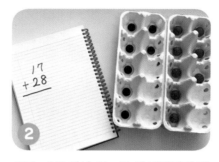

2 〈17 + 28〉에서 〈7 + 8〉의 더하기가 얼마인지 물어보세요. 어려워하면 수를 조금 낮춰서 물어보세요.

3 〈7 + 8〉의 덧셈에 대해 답하기 어려워하면, 달걀판과 바둑알로 10 만들기를 활용한 덧셈으로 보여 주세요. 그리고 포스트잇에 적습니다.

4 포스트잇에 적은 15를 반으로 자릅니다.

5 일의 자리에 해당하는 5는 그냥 두고, 10에 해당하는 1을 십의 자리에 해당하는 곳으로 올려주고 받아올림을 진행하게 된다는 것을 엄마가 보여 주세요.

6 다른 포스트잇으로 아이가 부르는 수를 적고 다시 한번 진행합니다. 이번에도 엄마의 설명을 보태어 진행해 주세요.

이렇게 지도해 보세요

세로셈을 가르쳐 주면서 포스트잇을 이용하여 자리의 개념을 재미있게 가르쳐주는 활동입니다. 앞서 두 자리 수를 배우면서 각 자리의 개념을 정확하게 이해했다면 세로셈을 가르칠 때 10이 모이면 그다음 자리의 숫자가 1이 커지는 원리도 이해할 수 있습니다. 방법만 받아들여서 반복하지 않도록 일의 자리가 10개 모인 것은 십의 자리의 1과 같다는 원리를 한 번 짚어주세요.

DAY 062 포스트잇으로 셈하기

받아올림이 있는 덧셈과 받아내림이 있는 뺄셈

구체물로 하다 보면 속도가 나지 않아서 고민이 될 수 있어요. 포스트잇으로 간편하게 활동하면 암산 능력도 늘고, 속도도 빨라져 점점 흥미가 생깁니다. 특히 벽에 스티커처럼 붙이는 활동이 되기도 해서 신나게 활동할 수 있습니다.

준비물 큰 포스트잇, 작은 포스트잇, 마커 펜

✏️ 이렇게 학습해 보세요

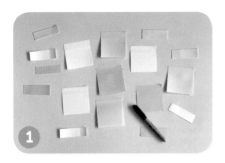

1 큰 포스트잇과 작은 포스트잇, 마커 펜을 준비하세요.

2 먼저 작은 포스트잇에는 계산식을 적고, 큰 포스트잇에 이 계산식의 값을 적은 후 벽에 붙이세요. 처음에는 가벼운 덧셈과 뺄셈으로 시작하세요.

3 이제 아이가 계산식이 있는 작은 포스트잇을 해당하는 값의 큰 포스트잇에 붙이게 해 보세요. 간단한 계산식일지라도 오랜 시간이 걸릴 수 있으니 충분한 시간을 주세요.

4 간단한 계산을 마쳤다면 받아올림이나 받아내림이 되는 계산식을 써서 벽에 붙이세요. 아이가 암산하여 찾는 시간을 주셔야 합니다.

5 받아올림이나 받아내림이 있는 경우는 붙이는 데 오래 걸릴 수 있으니 완료할 때까지 충분한 시간을 주세요.

6 처음에는 포스트잇의 수도 작게 하고 연산도 간단한 것으로 진행하다가, 뒤로 갈수록 포스트잇의 수가 늘어가면서 시간을 투자하게 하세요. 집중력과 암산 실력을 향상시킬 수 있습니다.

이렇게 지도해 보세요

한 자리끼리의 계산, 십 단위와 한 자리의 계산, 두 자리와 한 자리의 계산, 두 자리끼리의 계산의 순서로 난이도를 차츰 높여 보세요. 잘 안 되는 단계가 있으면 난이도를 낮춰 충분히 연습하세요.

DAY
063

달력으로 셈하기

받아올림이 있는 덧셈과 받아내림이 있는 뺄셈

아이들과 집에서 다양한 문제를 내기가 참 쉽지 않고 암산 연습도 쉽지 않지요. 그런데 달력 하나만 있으면 간편하게 해결이 됩니다. 100판이 있으면 10을 주기로 연결하면 됩니다.

준비물 달력, 연습장, 펜, 칼

이렇게 학습해 보세요

1 달력과 연습장, 펜, 칼을 준비합니다.

2 연습장 종이 가운데에 달력의 수 크기 만큼 오린 후 양쪽으로 −1, +1을 표시 해서 주세요. 그리고 달력 수 위에 놓아 준비합니다.

3 달력의 옆 수 규칙을 알아봅니다. 오 른쪽으로 갈 때는 +1, 왼쪽으로 갈 때 는 −1의 규칙입니다. 아이에게 "17 다 음 수는 뭘까?"라고 묻고, 아이가 답하 면 "17 다음 수는 17 + 1과 같구나"라 며 호응해 주세요. 아이에게 "17 이전 수는 뭘까?"라고 묻고, 아이가 답하면 "17 이전 수는 17 − 1과 같구나"라며 호응해 주세요.

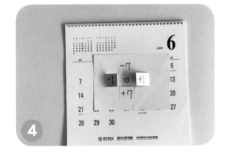

4 달력의 위아래 수의 규칙을 알아 봅니 다. 윗줄은 −7의 규칙, 아랫줄은 +7의 규칙입니다. 종이로 가리고 아이에게 17 위의 수, 아래 수가 무엇인지 물어보 세요. 아이가 답하면 "7씩 커지니까 그 렇구나"라며 규칙성을 알려 주세요.

5 수를 이동해 가면서 다양한 암산을 유 도해 보세요. 그리고 아이와 함께 주기 가 5인 수판과 주기가 9인 수판을 종이 에 만들어서 연습해 보세요.

이렇게 지도해 보세요

입시와 교육의 흐름이 부모님이 학교를 다니던 때와는 많이 바뀌었습니다. 예전에는 공부만 잘하면 좋은 학교에 진 학할 수 있었고, 대학교 입학에서 면접은 형식적인 절차였습니다. 하지만 지금은 면접이 입학에 큰 영향을 미칩니다. 아이가 커가는 과정에서 필요한 것이 인성교육과 적성교육입니다. 인성교육이란 남을 배려할 줄 알고, 리더십을 발 휘할 줄 아는 아이로 키우는 것을 말하고, 적성교육은 소질이 있는 분야를 찾아서 목표를 정할 수 있도록 도와주는 것을 말합니다. 면접에서 인성과 적성은 점수가 됩니다. 수학은 어려워하면 학원에 보낼 수 있지만, 인적성에 문제가 생기면 해결하기가 매우 어렵습니다.

택배 박스로 셈하기

받아올림이 있는 덧셈과 받아내림이 있는 뺄셈

Day 061에서 사용한 포스트잇을 활용한 다른 놀이입니다. 더하기와 빼기를 한 번 더 확인할 수 있는 놀이랍니다. 흔히 받는 택배 박스를 다른 방법으로 이용할 수 있어서 아이들의 생각의 전환도 가져올 수 있습니다.

준비물 택배 박스, 하드 막대, 숫자 스티커, 포스트잇, 펜

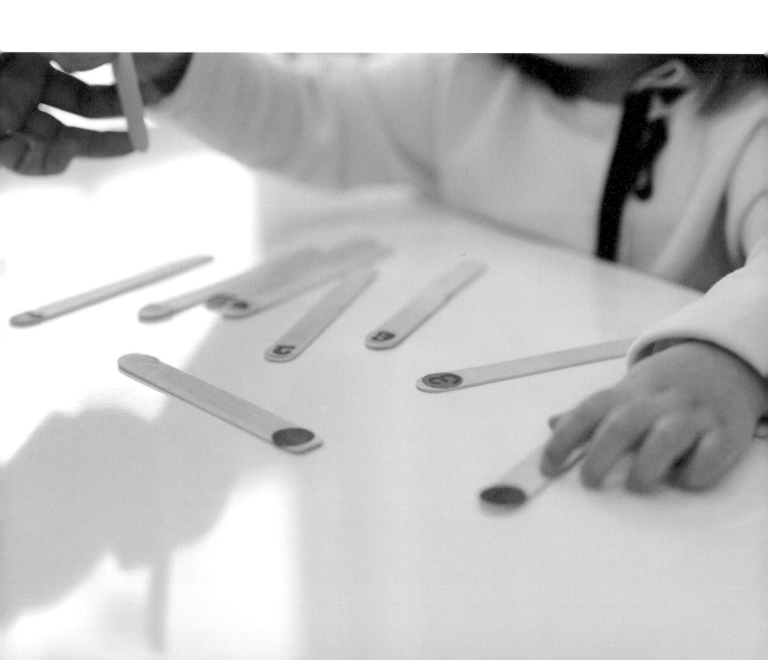

1 택배 박스에 하드 막대가 들어갈 수 있도록 조금씩 구멍을 냅니다. 하드 막대에 상단에 수 스티커를 붙여 둡니다.

2 받아올림이나 내림이 없는 쉬운 연산 포스트잇을 택배 박스의 구멍을 낸 부분에 하나씩 붙입니다.

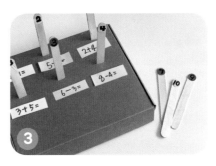

3 그리고 아이에게 수 스티커가 붙은 하드 막대를 주면서 해당되는 곳에 꽂아 일치시키게 합니다.

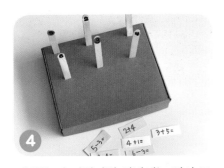

4 매칭을 다 시켰다면 이번에는 연산 포스트잇을 다 제거하여 아이에게 섞어서 줍니다.

5 이번에는 연산 포스트잇을 다시 해당하는 수 막대에 붙여 볼 수 있도록 해 주세요. 반복이 제일 중요합니다. 아이가 익숙해지면 받아올림과 받아내림이 있는 한 단계 높은 연산으로 진행해 보면 좋습니다.

이렇게 지도해 보세요

덧셈, 뺄셈은 세로셈이 가장 편리한 방법이지만 가로셈을 할 수 있다면 굳이 모든 문제를 세로셈으로 바꾸어 계산할 필요는 없습니다. 여기서 가로셈이란 가로로 적어서 푼다는 의미보다는 주어진 셈의 모양을 그대로 두고 원리를 이용하여 해결하는 것을 말합니다. 두 자리 수 연산까지는 가로셈을 더 강조해야 머리셈도 할 수 있고, 감각도 기를 수 있습니다. 물론 가장 기본적인 방법은 세로셈이 되어야 합니다.

DAY 065 종이컵으로 셈하기

받아올림이 있는 덧셈과 받아내림이 있는 뺄셈

종이컵 4개를 이용해서 덧셈과 뺄셈 놀이를 빠르게 진행하는 방법입니다. 끼워서 돌리기만 하면 되는 간단한 놀이입니다. 아이 혼자서 집중하며 시도할 수 있으므로 엄마는 옆에서 호응만 하면 됩니다. 앞에서는 천천히 연산하는 것을 연습을 했다면 이제는 속도를 조금 붙일 수 있는 놀이입니다.

준비물 종이컵 4개, 펜, 바둑알, 10구 달걀판

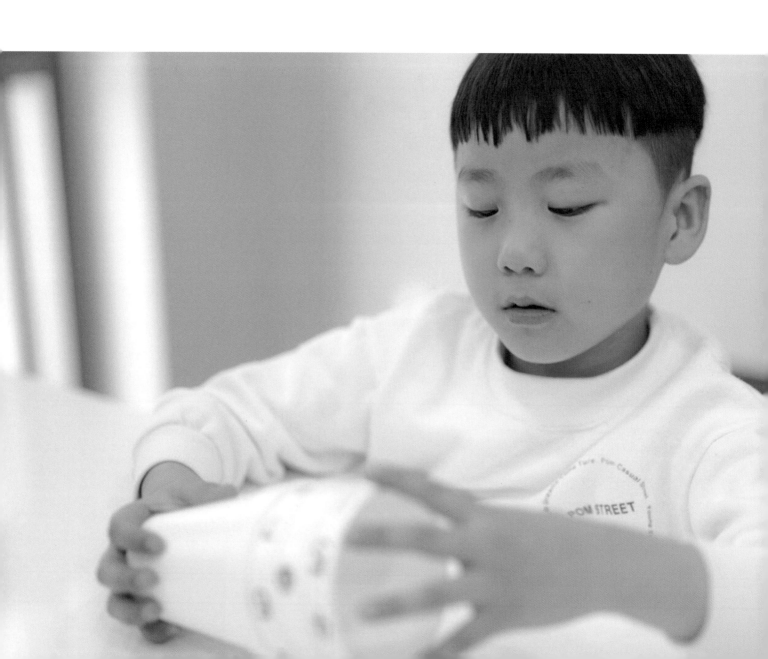

①

종이컵 4개를 준비하되, 두 개의 컵에는 수를, 나머지 두 개에는 연산 기호와 등호를 표시해 주세요.

②

더하기로 엄마가 하는 방법을 설명한 후 아이가 혼자 할 줄 안다면 스스로 돌리기를 하며 아웃 풋하게 해 주세요.

③

빼기로 엄마가 하는 방법을 설명한 후 아이가 혼자 할 줄 안다면 스스로 돌리기를 하며 아웃 풋하게 해 주세요.

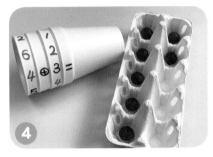

④

아이가 잘 인지하지 못한다면, 엄마가 옆에서 바둑알로 달걀판에 놓아주며 천천히 진행해도 됩니다. 반복하다 보면 구체물이 없어도 암산으로 연결될 수 있습니다.

이렇게 지도해 보세요

주산 교육에 대해 물어보는 부모님이 많습니다. 주산 교육은 연산에 한정된 교육으로 단순한 알고리즘을 사용합니다. 실제로 주산을 오래 해서 암산은 잘하지만 수에 관련된 문제를 유독 어려워하는 학생도 보았습니다. 연산은 수학의 기초일 뿐이고, 수학의 어려움은 문제의 조건을 분석하는 것에서 시작합니다. 따라서 주산 교육을 선택한다면 균형 잡힌 수학 교육을 시킬 필요도 있다는 점을 꼭 기억하세요.

DAY 066 확인학습

받아올림이 있는 덧셈과 받아내림이 있는 뺄셈을 학습해요.

1 빈칸에 들어갈 알맞은 수를 써 보세요.

① 2 + 8 + 4 = ☐

② 7 + 3 + 9 = ☐

③ 5 + 5 + 6 = ☐

④ 4 + 6 + 3 = ☐

2 보기를 참고하여 합이 10이 되는 두 수를 묶고 ☐ 안에 세 수의 합을 써 보세요.

보기

3 + 7 = 10

3 7

6

10 + 6 = 16

16

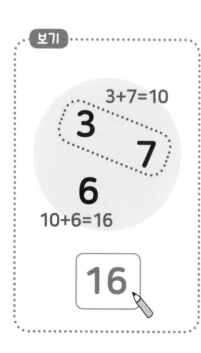

①

4 5 6

☐

②

7 4 3

☐

3 보기를 참고하여 빈칸에 들어갈 알맞은 수를 써 보세요.

보기
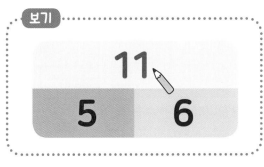

①

②

③

4 빈 곳에 들어갈 숫자를 찾아 ○표 해 보세요.

① $11 - \boxed{} = 6$

5   6   7

② $\boxed{} - 6 = 9$

14   15   16

5 이웃한 두 수의 차가 바로 위의 수가 되도록 빈칸에 알맞은 수를 써 보세요.

보기
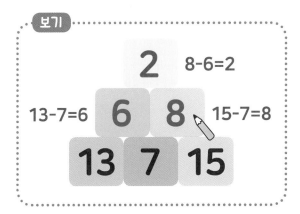

2   8-6=2
13-7=6   6   8   15-7=8
13   7   15

12   7   13

등식의 의미

옷걸이로 등호 배우기

수 세기에서 연결되는 모든 연산에서 '= 등호'의 이해는 정말 중요합니다. 지면 수학 또는 수가 길어지는 문제를 접하면 기본을 놓치는 경우가 많습니다. 둘이 똑같은 것을 '= 등호'라고 한다는 것이죠. '같다'의 의미를 정확하게 하기 위해 카드와 옷걸이를 활용하면 아이들이 쉽게 알 수 있습니다.

준비물 옷걸이, 트럼프 카드, 집게, = 등호 카드

이렇게 학습해 보세요

1 바지 걸이용 옷걸이와 트럼프 카드를 준비해 주세요.

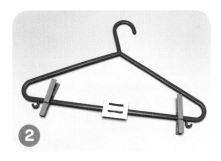

2 등호를 준비하여 아이에게 등호의 의미를 정확히 전달합니다. '같다'의 의미는 정확한 수평 밸런스라는 걸 알려 주세요.

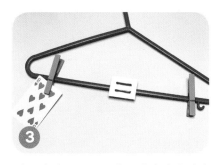

3 한쪽에 카드 8을 붙이고 아이에게 어떤 수가 옆에 와야 하는지 묻습니다. 정확한 수평 밸런스는 무게가 같아야 한다는 걸 다시 설명해 주세요. 아이가 8이 있는 카드를 가져올 겁니다.

4 왼쪽에 3, 4 카드를 두 장을 걸어 주세요. 그리고 아이에게 다른 쪽에는 어떤 수가 와야 같아지는지, 수평을 유지할 수 있는지 물어보세요. 아이가 찾아오는 카드는 대체로 3, 4로 같은 카드일겁니다.

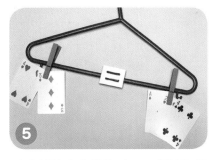

5 앞선 부분에서 찾은 카드로 칭찬을 한 후 카드 한 장으로, 두 장으로, 세 장으로 걸어주는 경우를 말해서 7, 3과 4, 1과 2, 4 등 다양한 밸런스 놀이를 해 주세요.

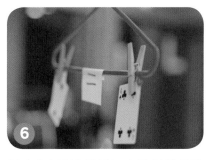

6 엄마가 수평이 안 맞는 수를 양옆에 걸어 아이에게 맞는지 물어보고, 틀리다면 왜 틀린지 말하게 해 주세요. 아이 스스로 정리해서 말하는 것이 정말 중요합니다.

이렇게 지도해 보세요

"="의 이름을 아시나요? 아이들에게 물어보면 제일 많은 답이 "는"입니다. 이 기호의 이름은 "등호"이죠. "는(은)"은 읽는 방법입니다. 뜻은 "같다"입니다. 수학을 배우면서 읽는 법만 배우고, 문제만 반복해서 풀지 않도록 의미를 이야기해 주세요.

DAY
068 미지수 찾기

등식의 의미

Day 067에서 배운 등호의 의미를 잘 이해하면 미지수 찾는 문제는 금방 해결이 됩니다. '같다'라는 의미를 잘 이해시키면 미지수 찾기 놀이는 쉽습니다. 사고력 수학에서 자주 등장하는 □ 찾기 문제를 쉽게 이해할 수 있게 됩니다.

준비물 옷걸이, 트럼프 카드, 집게

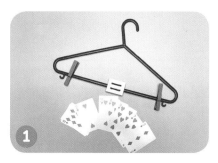

1 옷걸이에 등호를 붙이고, Day 067 놀이를 한 번 더 진행하세요.

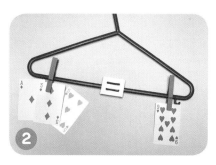

2 왼쪽에 1, 3, 5 카드를 걸고, 오른쪽에 9 카드를 걸어서 같게 나타냅니다.

3 아이에게 왼쪽에서 5 카드를 제거하면 오른쪽은 어떻게 변해야 하는지 물어보세요. 등호는 양옆이 같은 수가 되어야 균형이 맞으니, 왼쪽에서 5를 빼면 등호는 수평이기 때문에 오른쪽에서도 5를 빼야 함을 알려 줍니다. 아이가 이해하도록 다양한 문제로 접해 주세요.

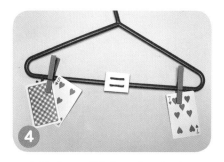

4 오른쪽에 7, 왼쪽에 5 카드를 걸고, 2 카드를 뒤집어서 둡니다. 그리고 등호가 수평을 유지하고 균형을 유지해야 한다는 걸 이야기한 후 뒤집힌 카드가 무엇인지 아이가 맞혀 보게 합니다.

5 만약 모른다면 오른쪽에 있는 카드를 5와 2로 나눠서 다시 붙입니다. 그러면 아이가 보고, 뒤집힌 수가 2임을 알 수 있습니다.

이렇게 지도해 보세요

등식을 이해하는 가장 좋은 방법은 양팔 저울을 이용하는 것입니다. 그래서 Day 067, Day 068의 준비물은 옷걸이입니다. 양쪽이 어느 한쪽으로 기울어지지 않고 똑같음이 등식과 닮았습니다. 뒤집은 카드의 수를 맞출 때는 뒤집은 카드의 수를 순서대로 세어서 찾거나 예상하여 찾는 방법이 있습니다. 순서대로 세어서 찾는 방법은 빈 카드와 5가 왼쪽, 오른쪽이 7이라면 5, 6, 7과 같이 세어서 5에서 2만큼 커져야 하니 빈 카드가 2임을 알아내는 것입니다. 예상하여 찾는 방법은 1, 2, 3을 예상하여 덧셈을 하여 확인하는 방법이 됩니다. 순서대로 세어서 찾는 방법을 기본으로 연습하도록 하세요.

DAY 069 카드로 이항 배우기

등식의 의미

Day 067 ~ Day 068에서 배운 것을 이용하여 이항이라는 것을 배워보겠습니다. 지면으로 처음 접하면 아이들이 헷갈려 하지만 '같다'라는 등호의 원칙으로 배우면 쉽게 이해할 수 있습니다.

준비물 트럼프 카드 1세트, 더하기/빼기/등호 기호 카드

이렇게 학습해 보세요

1 트럼프 카드와 더하기/빼기/등호 기호를 준비합니다.

2 카드에 쓰여진 숫자를 활용해서 식을 만들어 보세요. 먼저 카드 하나를 뒤집고 카드 한 장에 5를 더하고, 7이 되는 식을 만들어 보세요. ⟨□+5=7⟩

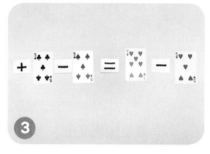

3 뒤집힌 카드를 □로 생각하고 "□를 남기려면 어떻게 할까?"라는 식으로 엄마가 왼쪽 식에서 5를 빼면 오른쪽 7에서는 어떤 변화가 일어나야 하는지 물어보세요.

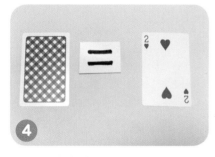

4 모르면 다시 한번 등호(=)의 의미를 알려 주세요. 양옆이 같기에 왼쪽에서 5가 빠지면 오른쪽에서도 5가 빠진다는 것을 알려 주세요 그러면 답이 ⟨□ = 2⟩로 도출되는 것을 간단하게 볼 수 있습니다.

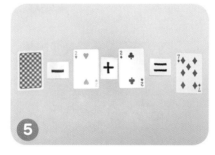

5 뒤집힌 카드 한 장에 2를 빼고, 7이 되는 식을 ⟨□ − 2 = 7⟩처럼 만들어 보세요. 먼저 왼쪽에 2를 더해서 왼쪽 수를 없애야 해요. 그럼 오른쪽도 2를 더해야 하고 답은 ⟨□ = 9⟩로 도출됩니다.

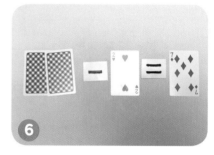

6 ⟨□ + □ − 2 = 7⟩처럼 □를 여러 장 두어서 심화 문제를 만들어 보세요. 아이들에게 충분한 시간을 주어 스스로 생각해 볼 수 있게 합니다.

 이렇게 지도해 보세요

실제로 이 활동을 해 보면 −2를 없애기 위해서 +2를 한다는 것을 이해하지 못할 수 있습니다. 이때는 실생활에서 접하기 쉬운 엘리베이터로 설명을 해 보세요. ⟨□ + 5 = 7⟩일 때 어떤 층에서 5층을 올라간 결과가 7층이면 올라가기 5층(+5)이 없어지도록 내려가기 5층(−5)을 하면 ⟨7 − 5 = 2⟩로 계산하게 됩니다. 단지 옮긴다는 뜻의 이항을 가르치면 안 됩니다. 이해할 수 있도록 지도해 주세요.

DAY 070

확인학습

등식의 의미를 학습해요.

 1 ☐ 안의 수는 엘리베이터가 서 있는 층을 나타내고, ↓◯는 엘리베이터가 내려간 층의 수를 나타냅니다. 보기처럼 ◯ 안에 엘리베이터가 내려간 층의 수를 써 보세요.

보기

| 14 | ↓ | 8 | 6 |

① 11 ↓ ◯ 4

② 12 ↓ ◯ 4

 2 ☐ 안에 알맞은 수를 써 넣어 ★ 이 나타내는 수를 구해 보세요.

①

$$★ + 8 = 13$$

$$★ = \boxed{} - \boxed{} = \boxed{}$$

②

$$7 + ★ = 15$$

$$★ = \boxed{} - \boxed{} = \boxed{}$$

3 □ 안에 알맞은 수를 써 넣어  가 나타내는 수를 구해 보세요.

❶ $15 - \bigcirc = 6$

$\bigcirc = \boxed{} - \boxed{} = \boxed{}$

❷ $11 - \bigcirc = 5$

$\bigcirc = \boxed{} - \boxed{} = \boxed{}$

4 □ 안에 알맞은 수를 써 넣어 ♥ 가 나타내는 수를 구해 보세요.

❶ $\heartsuit - 8 = 9$

$\heartsuit = \boxed{} + \boxed{} = \boxed{}$

❷ $\heartsuit - 25 = 14$

$\heartsuit = \boxed{} + \boxed{} = \boxed{}$

DAY 071 평면도형 만들기

점이 모여 선이 되고 선이 모여 면이 됩니다. 면의 크기를 배우면 곧 넓이를 배우는 것이 됩니다. 공간이 생기면 부피의 개념도 들어간답니다. 도형의 기본은 점, 선, 면이고 이것으로 다양한 도형이 만들어짐을 몸소 체험하여 익힐 수 있습니다.

준비물 클레이, 이쑤시개

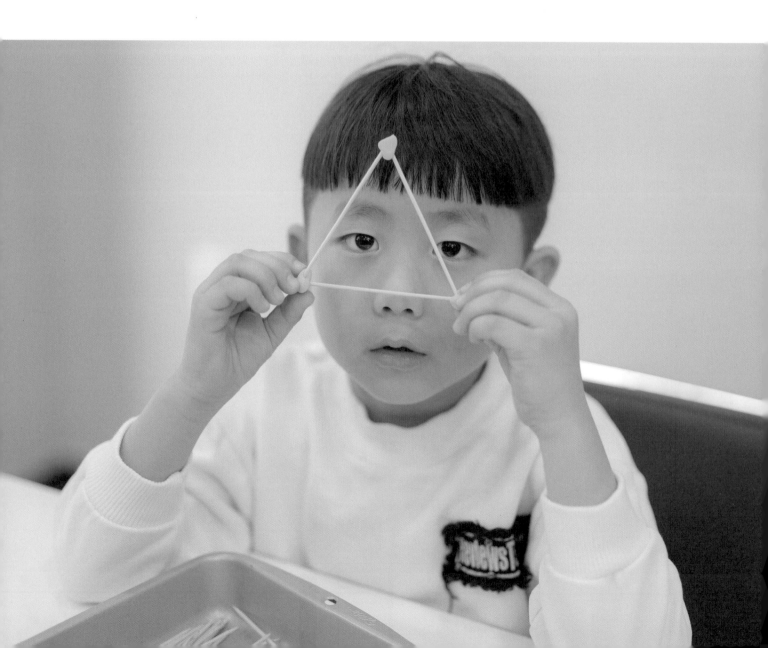

이렇게 학습해 보세요

1 클레이와 이쑤시개를 준비합니다.

2 클레이로 작은 볼을 만들고, 작은 볼을 이쑤시개로 연결하면 선이 되고, 그 선이 모여 면적이 됨을 알려 주는 활동입니다.

3 꼭짓점인 클레이 볼과 선분인 이쑤시개로 평면도형을 만들어 보세요. 클레이 볼 3개와 이쑤시개 3개를 이용하여 아이와 삼각형을 만듭니다.

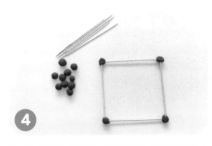

4 클레이 볼 4개와 이쑤시개 4개를 이용하여 아이와 사각형을 만듭니다.

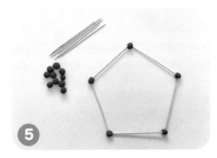

5 클레이 볼 5개와 이쑤시개 5개를 이용하여 아이와 오각형을 만듭니다.

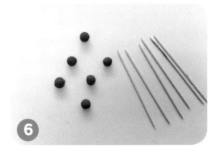

6 만들고 나서는 삼각형에 꼭짓점이 몇 개인지 물어보고 다시 만들어 보는 형식으로 진행해 보세요. 잘 모르면 엄마가 클레이와 이쑤시개를 3개씩 건네주며 이를 연결하면 무슨 도형이 되는지 물으며 진행해 보세요.

이렇게 지도해 보세요

점, 선, 면은 평면도형의 기본 요소입니다. 스케치북 등에 점을 여러 개 찍으면 선이 만들어지고, 색연필로 선을 반복해서 그리면 면으로 색칠이 되는 과정을 함께해 보세요.

DAY
072

지오보드로 도형 놀이

평면도형이 새로운 공간에서도 만들어질 수 있고, 매번 같은 놀이가 아닌 새로운 놀이를 통한 반복 학습이 정확한 개념을 배우게 합니다.

준비물 30구 달걀판 2개, 고무줄, 압정

1

30구 달걀판과 고무줄, 압정을 준비합니다.

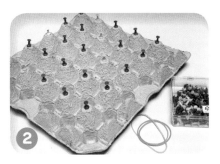

2

달걀판에 압정을 꽂아서 지오보드를 만듭니다. 달걀판을 두 개 이상 겹쳐서 만들면 더욱 튼튼합니다.

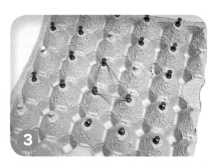

3

아이에게 고무줄을 주며 앞서 배운 삼각형을 만들게 합니다.

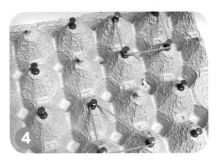

4

사각형도 고무줄로 연결하여 크고 작은 사각형을 다양하게 만들어 봅니다.

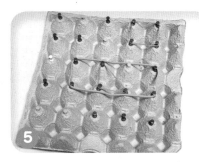

5

다양한 형태의 도형을 만들어 보며 아이와 도형의 이름 짓기를 해 봅니다.

6

달걀판으로 다양한 도형 만들기를 했다면, 지오보드 점이 찍힌 종이를 하나 그려서 아이와 종이에 한 번 더 그려보면 좋습니다.

이렇게 지도해 보세요

초등학교 1학년 때 배우는 입체도형과 평면도형은 누리 과정과 큰 차이는 없습니다. 도형을 배우기보다는 모양을 배우는데, 모양의 이름도 아이들이 붙여보게 하고, 만져보고 모양이 가지고 있는 성질을 알아보고, 주위에 닮은 모양을 찾는 등의 활동을 위주로 배우게 됩니다. 초등학교 1학년 문제로는 같은 모양을 세는 문제가 다루어집니다.

평면도형과
입체도형

DAY
073
입체도형 만들기

도형이 평면도형만 있는 것이 아닌 부피를 가지는 새로운 입체도형도 만들어질 수 있음을 체험하고 익히게 합니다.

준비물 클레이 볼, 이쑤시개

이렇게 학습해 보세요

1 클레이 볼과 이쑤시개를 다시 한번 준비합니다.

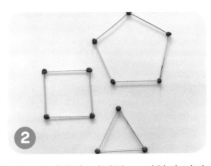

2 아이와 삼각형, 사각형, 오각형의 평면도형을 만듭니다.

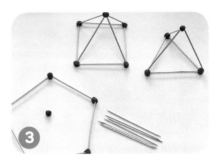

3 엄마가 각 도형 위에 점을 하나 올려서 이쑤시개로 연결하게 합니다. 뿔처럼 뾰족해서 뿔이라 이름 짓고, 바닥에 있는 도형 모양에 따라 삼각뿔, 사각뿔, 오각뿔이 됨을 알려 줍니다.

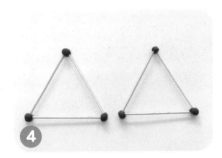

4 아이들과 다시 한번 평면도형을 똑같은 형태로 2개씩 만듭니다.

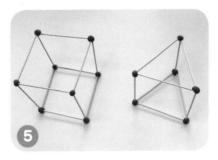

5 엄마가 삼각형 위에 삼각형을 올려서 이쑤시개로 연결하게 합니다. 기둥처럼 생겨서 기둥이라는 이름을 붙이고 바닥에 있는 도형 모양에 따라 삼각기둥, 사각기둥, 오각기둥이 됨을 알려 줍니다.

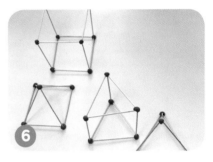

6 만들고 난 후에는 각 도형에 이쑤시개가 몇 개가 들었는지, 클레이 볼이 몇 개 사용되었는지 아이에게 물으며 확인해 보세요.

 이렇게 지도해 보세요

앞서 초등학교 1학년 수학에서는 도형이 아닌 모양만 배운다고 했죠. 그 의도는 수학을 처음 접하는 시기에 추상적인 도형보다는 주변 사물을 관찰하는 것을 통해 직관적으로 도형을 접하고, 용어도 달리함으로써 도형에 친숙해지게 만들기 위해서입니다. 다만, 부모나 동화책을 통해 도형의 이름을 이미 알고 있는 아이들이 많고, 수학적 호기심이 많은 아이들도 있기 때문에 도형의 구체적인 이름을 가르쳐 주어도 됩니다. 도형의 이름을 알 때 이름을 붙이는 규칙에 의해서 도형에 관해서 알게 되는 것들도 있고, 먼저 안다고 해서 초등학교 1학년 과정의 공부에 문제가 생기는 것은 아닙니다.

평면도형과
입체도형

다양한 도형 찾기

내가 만든 도형들의 모양을 집에 있는 물건들과 연결 짓게 되고, 도형의 모양을 한 번 더 연상하게 되면서 머릿속에 이미지화할 수 있습니다. 주변에서 볼 수 있는 사물을 통해 여러 가지 입체 도형의 이름과 특징을 알 수 있어요.

준비물 클레이 볼, 이쑤시개

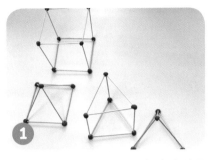

앞에서 만든 도형들을 다시 한번 만들
어 봅니다.

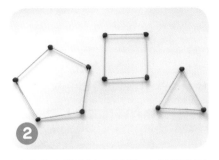

주변에서 삼각형, 사각형, 오각형에 맞
는 물건들을 찾아봅니다.

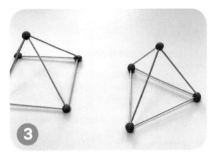

주변에서 삼각뿔, 사각뿔, 오각뿔에 맞
는 물건들을 찾아봅니다.

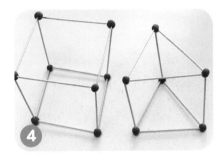

주변에서 삼각기둥, 사각기둥, 오각기
둥에 맞는 물건들을 찾아봅니다.

다 모여진 물건들을 보면서 아이들과
어떤 특성이 있는지 다시 파악해 보세
요.(점이 몇 개, 선이 몇 개, 면이 몇 개
인지)

이렇게 지도해 보세요

주변 사물에서 평면도형도 찾아보세요. 삼각형 모양을 찾아보면 삼각김밥, 교회 지붕, 자전거의 몸체 등 여러 가지를
찾을 수 있습니다. 수학 동화에서도 많이 나오는 우리 주위의 도형 모양이 별것 아닌 것 같지만 창의력 중에서 같은
조건의 아이디어를 많이 만들어내는 유창성과 관련이 있는 활동입니다. 그래서 초등 수학 영재교육원 문제로 나온
적도 있답니다. 도형 찾기와 같은 활동은 가족들이 함께하는 것도 도움이 됩니다. 아이 혼자 찾고 발표해 봐야 아이
디어에 한계가 있기 때문에 함께 찾으면 스스로 생각하지 못하는 한계를 넘어서 생각하는 방법도 배우게 됩니다.

DAY 075 여러 방향에서 관찰하기

평면도형과
입체도형

아이들이 만든 도형이 만들기 놀이에서 끝나면 안 됩니다. 비슷한 도형도 찾았으니 다음은 세심한 관찰입니다.
다른 방향에서 보았을 때의 도형의 모습 등을 보면서 직접 그려 보면, 도형에 대한 직관력이 커집니다.

준비물 다양한 도형(삼각뿔, 사각뿔, 삼각기둥, 사각기둥 등...), 종이, 펜

이렇게 학습해 보세요

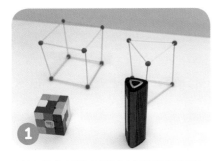

아이에게 사각기둥과 삼각기둥에 맞는 물건을 찾아보게 합니다.

아이에게 앞, 옆에서 본 모양을 만들었던 도형들 중에 뭔지 물어보고 그 모양을 종이에 그려 보게 합니다.

위에서 본 모양을 평면도형 중에 뭔지 물어보고 한 번 그려 봅니다.

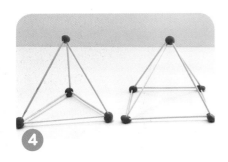

삼각뿔, 사각뿔도 찾아보고 앞선 관찰 활동을 진행합니다.

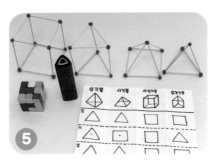

뿔과 기둥의 위, 앞, 옆 모양의 차이점을 말해보게 관찰한 도형을 함께 그려 봅니다.

이렇게 지도해 보세요

입체도형만 해 볼 것이 아니라 주위의 물건을 이용하여 해 볼 수 있습니다. 핸드폰으로 물건을 위, 앞, 옆에서 사진을 찍고, 하나씩 보여주면서 무슨 물건인지 맞추어 보도록 하세요. 아이가 재미있어 하면 자기도 문제를 내겠다고 사진을 찍어서 문제를 내게 될 겁니다. 그게 아니라도 아이에게 사진을 직접 찍어 문제를 내어 보라고 권해 보세요. 이후에는 물건을 놓고, 직접 위, 앞, 옆의 모습을 스케치북에 그려 보는 것도 좋은 교육입니다.

방향 알아보기

평면도형과
입체도형

수학을 공부하는 데 방향을 아는 것은 정말 중요합니다. 방향은 우리의 실생활과 밀접한 관계를 가지고 있지요.
실생활에서 만나는 지도와 나중에 배우는 좌표가 대표적인 예입니다. 우리가 생활하는 공간에서 꼭 필요한 방향
과 위치 관계를 정확히 잘 알아보아요.

준비물 30구 달걀판, 레고(또는 다양한 장난감)

 이렇게 학습해 보세요

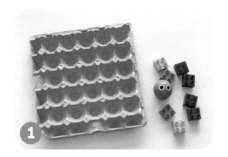

1 30구 달걀판과 레고(또는 장난감)를 준비합니다.

2 중앙에 기준점을 하나 정하기 위해 공을 놓습니다.

3 아이에게 "중앙에 있는 공의 2칸 위에 빨간 레고를 놓아 주세요", 그리고 "중앙에 있는 공 2칸 아래에 노란색 레고를 놓아 주세요"라고 요청하세요.

4 아이에게 "중앙에 있는 공 오른쪽에 파란색 레고를 놓아 주세요", 그리고 "중앙에 있는 공 왼쪽에 초록색 레고를 놓아 주세요"라고 요청하세요.

5 아이가 방향을 잘 인지할 때까지 방향을 알려 주며 놓게 합니다. 다 놓인 물체들을 보며, "초록색 레고 아래에는 뭐가 있니?" 또는 "공 위에는 무엇이 있니?"라며 기준을 변경하며 물어보세요.

 이렇게 지도해 보세요

오목에 접목하셔도 좋습니다. 오목, 바둑 등이 논리력을 키우는 데 도움이 됩니다. 요즘은 아이들에게 유익하며 재미있게 놀 수 있는 보드게임도 많이 있습니다. 보드게임을 함께하는 가정이라면 오목을 가르쳐주고 위의 활동을 접목해 보세요. 3인 오목 게임을 해서 한 명은 심판을 하고, 다른 두 명은 직접 바둑알을 놓는 것이 아니고 심판에게 "정확히 가운데 놓아 주세요.", "엄마가 놓은 자리의 오른쪽으로 한 칸, 아래로 한 칸 이동하여 놓아 주세요." 등으로 위치를 설명해 보도록 하는 것입니다.

DAY 077 좌표 놀이

평면도형과
입체도형

우리의 실생활과 밀접하게 연결된 좌표 놀이입니다. 실생활에서 만나는 지도와 나중에 배우는 좌표를 놀이를 통해서 이해하면 좀 더 쉽게 이해할 수 있습니다. 앞에서 알게 된 방향에 정확한 위치를 찾아내는 놀이입니다.

준비물 30구 달걀판, 2종류 주사위, 다양한 장난감

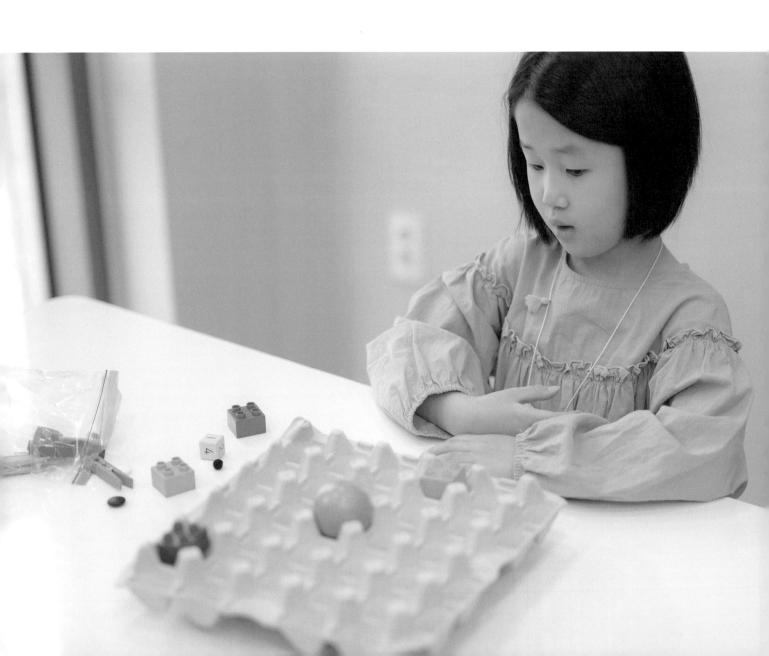

이렇게 학습해 보세요

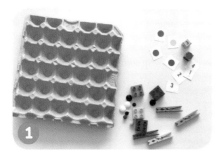

1 30구 달걀판과 주사위, 다양한 장난감을 준비합니다.

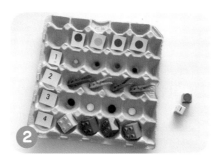

2 달걀판 가로 부분은 색으로, 세로 부분은 숫자로 표시하고, 주사위를 두 종류 (하나는 숫자, 하나는 색 스티커)로 준비합니다. 장난감도 랜덤하게 놓아둡니다.

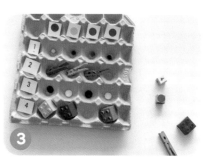

3 주사위를 던져서 나온 좌표의 물건을 많이 가져가는 사람이 이기는 놀이입니다. 엄마가 먼저 시도하여 찾아주세요. 4와 빨간색이 나왔다면 4번째 줄의 빨간색 선에 있는 물건을 집어 냅니다.

4 엄마가 설명하고 나서는 아이가 시도하게 하세요. 첫 번째 줄의 파란색 선에 있는 물건을 집어냅니다. 아이에게는 충분한 시간을 주세요.

5 놀이를 통해 승부가 나면, 다시 랜덤하게 채워서 엄마가 말로 위치를 알려 주고 아이가 찾게 하면, 직관적으로 보는 눈을 키울 수 있습니다.

이렇게 지도해 보세요

기차, 비행기, 극장의 자리를 예를 들어서 아이에게 설명해 주세요. 만약 아이가 모두 타본 적이 없다면 홈페이지에서 영화관의 표를 예매하면서 아이와 함께 자리를 정해 보고 극장을 한번 가 보는 것도 좋습니다. 아파트의 호수도 비슷한 규칙으로 정해집니다. 아파트 건물을 관찰해보면 몇 호인지가 가로, 세로의 순서로 정해지기 때문입니다.

DAY 078 쌓기나무 만들기

평면도형과
입체도형

공간 감각의 시작은 눈으로 본 모양을 정확히 인지하는 것입니다. 관찰한 모양을 설명하고, 기억하고, 똑같이 만들어 보면서 공간을 분석하는 방법을 생각하게 되고 학습하게 됩니다. 또한 관찰력, 집중력도 키워줄 수 있습니다. 역할을 바꾸어 보면서 문제가 되는 모양을 아이가 직접 만들어 볼 수도 있습니다.

준비물 정육면체 블록, 가림판

1 정육면체 블록을 준비하세요. 집에 있는 어떤 블록이든 상관없습니다. 그리고 가림판으로 쓸 연습장을 준비합니다.

2 5개의 쌓기나무로 모양을 만드는 데 상자 등을 가림판으로 사용하여 만드는 과정을 보여주지 않습니다.

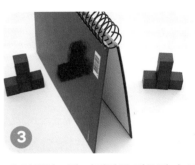

3 다 만들었으면 가림판을 치우면서 10까지의 수를 세고, 다시 가림판으로 가리고 아이에게 똑같은 모양을 만들어 보게 합니다.

4 시간을 더 주는데도 어려워하면 가림판을 치우고, 같게 만들기 놀이를 합니다.

5 익숙해지면 엄마가 하나를 미리 만들고, 아이와 같이 동시에 쌓기를 진행합니다.

6 쌓기나무의 개수를 늘려서 해 보고, 아이와 역할을 바꾸어서 똑같이 만드는 활동으로 응용해 볼 수 있습니다.

이렇게 지도해 보세요

유아 시기에는 보이는 것을 똑같이 따라 하는 것도 쉽지 않습니다. 쌓기나무를 똑같이 만드는 활동을 하면서 말로 설명하게 해 보세요. 눈에 보이는 것을 설명할 수 있다면 기억할 수 있고, 똑같이 만들 수도 있습니다. 3인 놀이로 변형하여 엄마가 문제를 내고, 아이가 설명하고 아빠가 모양을 맞추는 식으로 해 보면 자연스럽게 설명하고, 표현하는 연습도 해 볼 수 있습니다. 아이는 말로 설명하는 방법으로 모양을 분석하고 기억하게 됩니다.

나무 개수 맞히기

평면도형과
입체도형

쌀기나무는 영재교육원, 수학경시 등에 자주 등장하는 소재 중 하나입니다. 그중에도 개수와 관련된 문제도 다양합니다. 쌀기나무의 개수를 세어 보면 안쪽에 위치해서 보이지 않는 부분을 생각해야 합니다. 쌀기나무를 쌓아서 만든 모양을 관찰하면서 입체를 관찰하는 직관력도 기를 수 있습니다.

준비물 정육면체 블록, 종이

1 블록을 준비하여 아이가 안 보는 사이 쌓기나무를 쌓아둡니다. 그리고 아이는 쌓기나무를 보고 몇 개인지 수를 추측해 봅니다. 보이지 않는 부분에 쌓기나무가 있다는 것을 알 수 있어야 합니다.

2 쌓기나무의 수를 세는 방법을 알려 줍니다. 바닥에 닿는 면을 기준으로 세는데, 위에서 각각의 수를 세어 더하면 됩니다. 첫 줄에 1개, 둘째 줄에 2개, 옆으로 1개, 옆에 1개 추가하여 총 5개가 됨을 알려 줍니다.

3 바닥에 닿는 면의 모양에 쓰인 쌓기나무의 수를 보고 직접 쌓는 활동을 해 보세요.

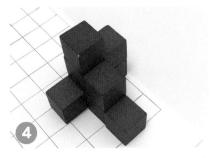

4 못 한다면 엄마가 적어둔 종이 위에 쌓기나무를 올리면서 이해하게 하면 됩니다.

5 엄마가 다양한 모양의 쌓기나무 형태를 만들어 두고, 아이는 개수를 찾는 연습을 합니다.

이렇게 지도해 보세요

쌓기나무의 개수를 세어 보라고 하면 보통 층별로 세게 됩니다. 하지만 활동의 내용과 같이 위에서 바라본 칸별로 몇 개씩 쌓였는지 관찰하는 방법이 정확하고 빠르게 개수를 세는 방법입니다. 이 방법은 보이지 않는 쌓기나무의 개수도 정확히 알 수 있습니다.

DAY 080 확인학습

평면도형과 입체도형을 학습해요.

 1 왼쪽과 같은 모양에 모두 ◯표 해 보세요.

 2 다음의 설명에 맞게 빈칸에 숫자 1, 2, 3, 4를 써 보세요.

1 오른쪽 아래에 1이 있어요.

2 1의 왼쪽에 4가 있어요.

3 2의 오른쪽에 3이 있고, 아래에 4가 있어요.

 3 다음 중 위에서 보았을 때 다르게 보이는 모양에 X표 해 보세요.

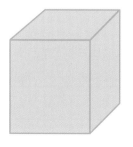   

4 왼쪽 모양에서 빨간색 상자를 뺐을 때 남는 모양으로 알맞은 것에 ◯표 해 보세요.

❶

❷

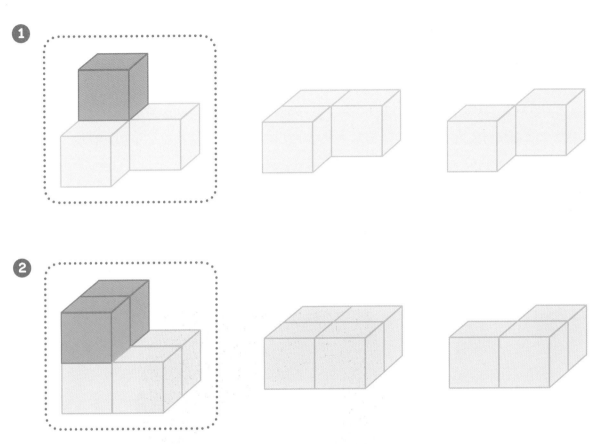

5 다음 모양을 만드는 데 사용된 상자의 개수에 ◯표 해 보세요.

❶

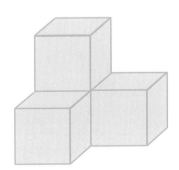

3 4 5

❷

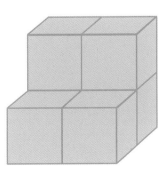

4 5 6

DAY
081 퍼즐 만들기

퍼즐 조각을 보고 위치를 파악하여 정확한 위치에 넣기까지 눈과 손의 협응력이 좋아지고, 도형 감각을 향상시킬 수 있고, 각각의 퍼즐을 기억하면서 기억력을 증진시킨답니다. 퍼즐 조각을 이리저리 돌리면서 해답을 찾으려 하기 때문에 문제 해결력도 당연 좋아져서 최고의 놀이가 아닐까 합니다.

준비물 하드 막대, 그림이 있는 공책의 앞부분

1 하드 막대와 그림이 있는 공책의 앞부분을 준비해 주세요.

2 하드 막대에 그림을 연결해서 그려서 준비합니다.

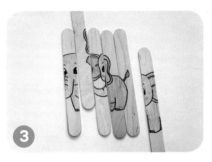

3 여러 개의 하드 막대를 흩어 놓아서 아이가 그림을 맞추게 합니다.

4 아이가 가진 알록달록한 공책 앞표지를 처음에는 2조각을 만들어 아이에게 맞춰 보라고 합니다. 처음에는 아이가 아주 쉬워할 겁니다.

5 4조각, 6조각, 9조각 식으로 늘려 가면서 아이가 적은 조각에서 그림을 익히면서 더 많은 조각으로 가면서 직관력을 키워가면 좋습니다.

이렇게 지도해 보세요

더 간단하게 해 볼 수 있는 퍼즐도 있습니다. 같은 색의 색종이 3장을 준비하고, 서로 다른 모양으로 색종이를 가위로 한 번씩 다른 방법으로 잘라서 섞은 다음 색종이 모양을 맞춰볼 수 있습니다. 또, 색종이 1장을 3조각으로 잘라서 색종이 모양을 맞추어 볼 수도 있습니다. 모양을 잘라 보고, 맞추어 보고 하는 것은 칠교놀이, 펜토미노 퍼즐과 같은 종류로 자르고 붙이는데, 필요한 공간 감각을 키우는 데 도움이 되는 활동입니다.

DAY 082

도형
움직이기

같은 도형 그리기

쌓기나무를 보고 똑같은 모양을 만들어 보는 것과 같이 평면도형을 똑같이 그려 보는 활동은 도형을 인지하는 데 도움을 줍니다. 특히 뒤에 이어지는 대칭 놀이와 도형 뒤집기, 도형 돌리기를 할 때 도형을 관찰하거나 움직인 도형을 그리는데 큰 도움이 됩니다.

준비물 종이, 펜, 달걀판으로 만든 지오보드, 고무줄

이렇게 학습해 보세요

1 가로, 세로 5칸의 격자를 여러 개 그립니다.

2 격자 중 하나에 선과 선이 만난 점을 4개 이어서 직사각형을 그리고, 아이가 다른 격자에 똑같이 그리도록 합니다. 격자에 그린 직사각형은 아이가 똑같이 그리기 가장 쉬운 도형 중 하나입니다.

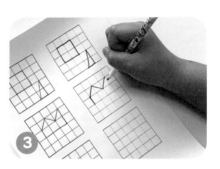

3 잘 그린다면 여러 가지 모양을 그려 주고 똑같이 그려 보게 합니다. 사각형이나 삼각형 중에서 선분이 격자선과 일치하지 않는 도형을 그리면 좀 더 난이도 있는 활동이 됩니다.

4 오목한 모양이 있는 오각형이나 육각형, 집 모양 등은 난이도가 높습니다. 단순한 것 같지만 다양한 그림으로 아이가 재미있게 활동할 수 있습니다.

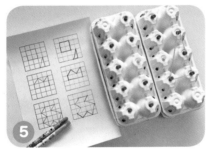

5 쉬운 모양부터 조금씩 어려운 도형을 그려 보도록 하고, 달걀판으로 만든 지오보드를 이용하여 고무줄로 똑같이 만들기를 하여 다양한 활동으로 연결해 주세요.

이렇게 지도해 보세요

같은 그림을 그려 보는 활동은 생각보다 중요합니다. 뒤에서 배울 뒤집거나 돌린 그림을 잘 표현하려면 관찰한 그림을 그대로 그려내는 능력이 있어야 합니다. 머릿속으로 기억하고 그대로 그려내기란 쉬운 일이 아닙니다. Day 078에서 쌓기나무를 똑같이 만드는 활동을 했던 방법으로 가림판으로 잠깐 관찰하고 똑같이 그리는 등의 방법으로 변형하여 재미있게 반복 활동을 해 주세요.

DAY 083

달걀판 데칼코마니

도형 움직이기

대칭은 데칼코마니 즉, 기준선을 기점으로 접을 때 겹치는 거죠. 하지만 아이들은 어려워합니다. 달걀판 두 개에 중간에 선을 만들고 둘이 겹쳐지는 모양을 보여 주세요. 아이들의 수준에서 대칭의 의미를 정확히 알면 그리 어렵지 않습니다.

준비물 10구 달걀판 2개, 사인펜

1
10구 달걀판 2개와 달걀 위 판을 잘라서 준비합니다. 자른 부분은 2가지 색으로 사인펜으로 칠하거나 스티커를 붙여서 준비합니다.

2
달걀판 두 개 중간에 선을 만들고 둘이 겹쳐지는 모양을 보여 주세요.

3
빨간색, 파란색 하나씩 나란히 달걀판 위에 놓고 아이에게 이와 대칭되는 위치를 찾아 보라고 해 보세요.

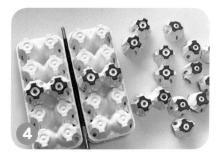

4
아이가 잘 모른다면, 엄마가 중심선에서 어떻게 대칭이 되는지 알려 주고 색을 찾을 수 있게 지도해 줍니다.

5
두 개짜리를 잘 따라서 했다면, 좀 더 많이 올리며 대칭되는 위치를 찾아 보라고 해 보세요.

6
다양한 색을 칠하고 다양한 모양으로 해서 활동을 반복하면 좋습니다.

이렇게 지도해 보세요

선대칭은 대칭축을 지나서 반대쪽으로 똑같은 거리만큼 떨어진 곳에 같은 점이나 선이 존재하는 도형을 말합니다. 그렇기 때문에 달걀판을 활용하여 선대칭 도형 활동을 하면 떨어져 있는 위치가 칸으로 세어지기 때문에 대칭의 의미를 직관적으로 이해하기 쉽습니다.

도형
움직이기

색종이 놀이

도형을 뒤집으면 왼쪽과 오른쪽, 위쪽과 아래쪽 모양이 서로 바뀌어 보입니다. 도형 뒤집기와 같이 도형을 움직인 모양을 찾는 것은 아이들이 힘들어 하는 부분입니다. 대칭의 의미와도 같은 뒤집기는 거울을 이용하거나 반으로 접어서 가위로 잘라 보면 간편하게 확인이 됩니다.

준비물 색종이, 가위, 펜, 거울

1 색종이를 여러 장 준비합니다.

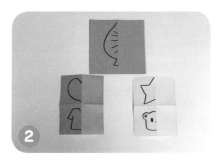

2 색종이를 반으로 접고 간단한 그림을 그립니다. 이때 대칭이 되는 반대쪽은 두고 한쪽 부분만 그립니다.

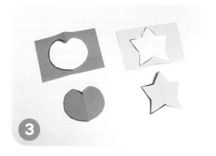

3 반으로 접을 때 대칭해서 찍히는 도형을 생각해 보게 합니다. 그리고 가위로 잘라 보고 확인하게 합니다.

4 아이가 자른 도형을 반으로 접어서 "거울에 비친 모양이 어떨까?"라며 다시 한번 생각하게 해줍니다. 잘라 보기 전의 그림들도 예상하고 거울로 비춰 보세요.

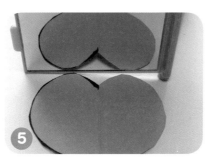

5 거울로 비출 때 비추는 기준에 따라 모양의 변화됨을 보여주는 연습을 하면 좋습니다.

6 아이가 그린 도형 옆 기준선에 거울을 대고, 옆으로 뒤집은 모습이 거울에 비친 모습과 같음을 확인해 봅니다.

이렇게 지도해 보세요

활동하는 수학이 아이들에게 좋은 교육이긴 하지만 관찰만 하는 것은 문제 해결로 바로 이어지지는 않습니다. Day 083에서 점으로 선대칭을 표시하는 활동을 충분히 하고, Day 084에서 간단한 모양부터 활동하되, 잘라 보기 전에 대칭 그림을 예상하여 그려 볼 수 있도록 해 주세요. 문제집을 풀고 답지를 확인하는 것보다 훨씬 즐겁게 공부할 수 있습니다.

DAY 085 빨대 돌리기

예전에는 초등학교 3학년 수학 교과서에 나왔지만 아이들이 어려워하여 초등학교 4학년으로 늦춰진 도형 돌리기입니다. 아이들이 다들 힘들어 하고 엄마들도 가르치다 보면 힘들다고 하는 부분이기도 하지요. 아이들이 머릿속으로 이미지를 스스로 그리기 전 다양하게 돌려보고 체크해 보는 연습이 필요합니다. 유아들은 각도를 모르기 때문에 '반 바퀴', '반의 반 바퀴' 등으로 이야기하여 놀아주면 좋습니다.

준비물 연습장, 빨대, 포스트잇, 압정

🖊 이렇게 학습해 보세요

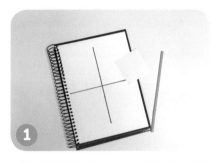

1 연습장과 빨대, 포스트잇을 준비합니다. 연습장에는 가운데를 중심으로 4등분하여 선을 그립니다.

2 포스트잇에 격자무늬를 그리고 한 부분을 정하여 색칠합니다. 하나의 포스트잇에는 위치 변화를 알 수 있게 한 칸만 색칠을 하고 다른 포스트잇에는 모양 변화도 알 수 있게 모양으로 색칠합니다.

3 빨대를 연습장에 올린 후 가운데 부분을 압정으로 고정합니다. 그리고 왼쪽 상단에 하나의 포스트잇을 올려 둡니다.

4 빨대를 돌렸을 때 색칠한 도형의 위치가 어떻게 변화할 것인지 아이에게 예상하게 한 후 돌려 봅니다.

5 아이가 돌려가면서 예상한 위치를 잘 파악했다면 이번에는 모양으로 색칠한 포스트잇을 올려 둡니다. 돌리기 전에는 아이이 예상을 들어 봅니다.

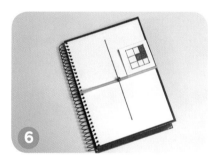

6 다 돌린 후 그려진 도형의 그림들을 아이와 살펴봅니다. 도형의 다른 쪽에 색칠하여 돌리기 전에 아이에게 어느 부분에 색칠을 하게 될지 먼저 생각해 보게 한 후에 돌리기로 매칭되는지 확인하는 연습을 하세요.

 이렇게 지도해 보세요

아이들과 돌리기를 하면서 돌리는 양에 대해서 한 바퀴(360도), 반 바퀴(180도), 반의 반 바퀴(90도)로 표현해 주고, 말의 의미를 설명해 주세요. 교구를 활용하면서 돌려놓은 모양을 관찰만 해서는 문제 해결력이 늘지 않습니다. 설명에서와 같이 아이에게 예상해 보게 하는 과정을 꼭 하기 바랍니다. 처음에는 어려워서 하기 힘들다면 관찰하는 위주의 활동으로 시작해서 먼저 예상해 보도록 합니다. 문제의 조건도 한 칸만 색칠한 것으로, 위치만 찾는 것으로 시작하여 색칠된 칸의 개수를 늘려갑니다.

DAY 086 투명 파일 돌리기

도형 돌리기는 아이들에게 너무 힘들죠. 다양한 방법으로 인지하게 하고 돌려 보게 하는 게 최고예요. 모눈종이 하나랑 플라스틱 접시 하나만 있으면 쉽게 활동을 할 수 있답니다. 아이들이 스스로 그려 보고 지울 수 있어서 간편하게 돌리기를 즐길 수 있습니다.

준비물 연습장, 투명 L자 파일, 압정, 수성 마커 펜

이렇게 학습해 보세요

1 연습장을 이용해 모눈종이를 만들고 투명 L자 파일을 준비합니다.

2 모눈종이 가운데에 기준을 정하고 4등분으로 나누어 압정으로 중심을 고정합니다.

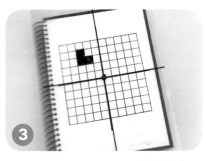

3 모눈종이 왼쪽 상단에 먼저 엄마가 도형을 수성 마커 펜으로 그리고 반의 반 바퀴(90도)를 돌렸을 때 어떤 그림이 나오게 될지 아이가 먼저 생각하게 해 보세요.

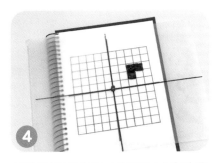

4 생각한 그림이 맞는지 그려 보게 한 후 L자 파일을 돌려 보게 하세요.

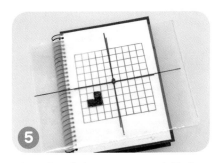

5 이후 계속해서 90도로 조금씩 돌려 보면서 아이가 예상하는 도형과 비교해 봅니다.

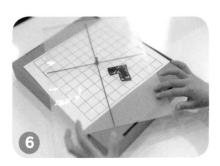

6 원점으로 돌아왔다면, 이번에는 90도가 아닌 180도를 돌린 것을 예상하여 그려 보고, 돌리고 나서 답을 확인해 봅니다.

 이렇게 지도해 보세요

나중에 실제로 문제를 풀 때도 책이나 시험지를 돌려서 관찰하고 그리도록 지도해야 합니다. 시험지를 돌려서 관찰하면서 돌아간 모양의 특징을 생각해 보고 제 자리로 돌아와서 답을 그려야 합니다.

확인학습

도형 움직이기를 공부해요.

 1 왼쪽 그림을 만드는 데 필요하지 않은 그림을 찾아 X표 해 보세요.

 2 왼쪽과 똑같은 도형을 그려 보세요.

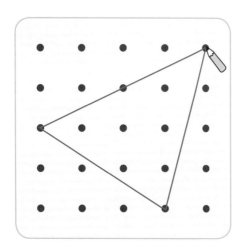 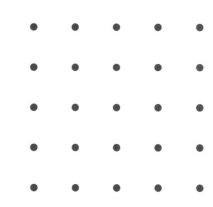

 3 접었을 때 그림이 완전히 겹쳐지도록 접는 선을 그려 보세요.

   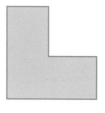

 4 선을 따라 종이를 접으면 완전히 겹쳐지도록 빈칸을 색칠해 보세요.

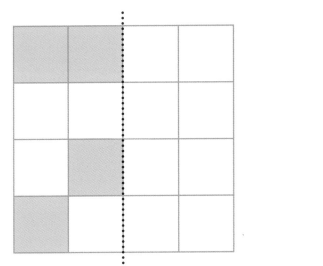

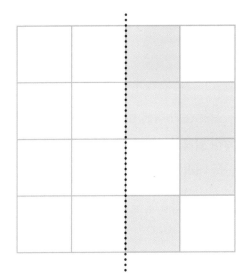

 5 도형이 그려진 깃발을 왼쪽, 오른쪽으로 돌린 그림입니다. 깃발 속 도형을 그려서 그림을 완성해 보세요.

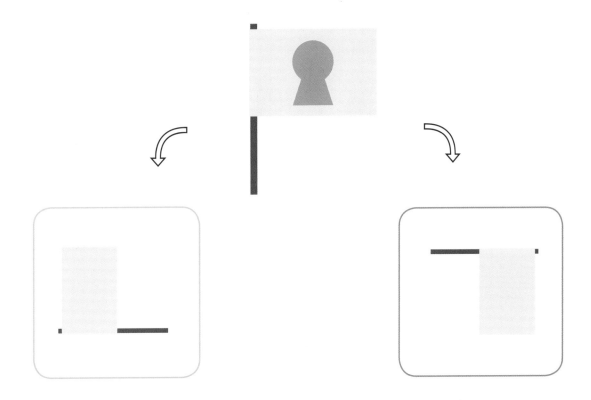

DAY 088

속성과 규칙

색깔 모양 분류 놀이

사물을 같은 점과 다른 점으로 구분할 때 많이 등장하는 분류입니다. 분류는 사물을 나눌 때 그것을 나누는 이유가 명확히 필요합니다. 우린 이걸 '기준'이라고 하지요. 기준을 가지고 나누는 연습은 사물에 대한 이해도와 명확한 판단을 내리는 데 도움을 줍니다.

준비물 종이컵 6개, 트럼프 카드 1세트

1 종이컵 2개와 트럼프 카드 한 세트를 준비합니다.

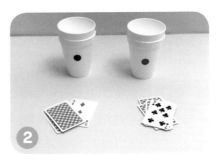

2 종이컵에 각각 검은색과 빨간색을 표시해서 색깔별로 카드를 나눠서 종이컵에 담는 활동을 할 거라고 설명해 주세요.

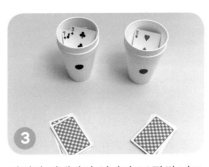

3 아이가 이해하면 엄마와 20장씩 카드를 나눠 가진 후 누가 더 빨리 카드의 색에 맞춰 종이컵에 나눠 담는지 시간 재기 게임을 해 보세요.

4 색 분류를 마치고 나면, 다시 종이컵 4개에 트럼프 카드 모양(하트, 다이아몬드, 클럽, 스페이드)을 그려서 준비합니다.

5 아이와 카드를 나눠가지고 누가 먼저 카드의 모양별로 종이컵에 나눠 담는지 시간 재기 게임을 해 보세요. 아이들의 직관력과 집중력이 늘어납니다.

6 색 분류를 하고 나서는 아이와 함께 다양한 색에 대한 지식도 늘려 보세요.

이렇게 지도해 보세요

속성별로 분류하는 것은 규칙 학습의 시작입니다. 수학은 규칙의 학문으로 모든 것은 규칙으로 이루어져 있습니다. 이번 놀이의 목표는 분류가 무엇인지 알도록 하는 데 있습니다. 서로 다른 모양의 카드이지만 색깔을 기준으로 둘로 나눌 수 있습니다. 익숙해지면 모양을 기준(하트, 다이아몬드, 클럽, 스페이드)으로 10장씩 넷으로 나눌 수 있습니다. 아이의 시각으로 생각하기는 어렵지만 숫자(1~10)로 분류한다면 4장씩 10으로 나눌 수도 있습니다.

DAY
089

색종이 분류 놀이

앞선 분류 놀이는 트럼프 카드라 색이나 모양이 단조로웠습니다. 이번에는 다양한 색을 가진 색종이를 이용하여
아이와 함께 만들고 분류하는 놀이로 해 보세요. 분류는 아이들이 만나는 생활에서 매일 경험하게 되는 것이므로
직관적으로 기준을 잡고, 구분할 수 있는 힘을 길러주기에 자주 해 주세요.

준비물 다양한 색상의 색종이, 가위

이렇게 학습해 보세요

1 다양한 색상의 색종이를 준비합니다.

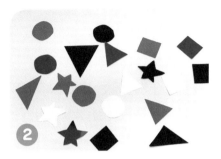

2 아이와 앞서 배운 도형들을 색종이에 그리고, 다양한 색을 겹쳐서 한 번에 오려 준비합니다.

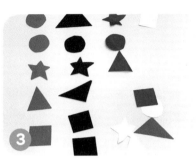

3 아이가 오린 다양한 조각들을 색깔별로 분류합니다.

4 색 분류를 마치고 나면 다시 섞어서 모양에 맞춰 분류해 보라고 해 보세요.

5 엄마가 도형을 원과 다각형 도형을 분류하여 아이에게 어떤 기준으로 나눈 것 같은지를 물어보세요.

6 아이가 분류한 물건들에 대한 기준을 엄마가 맞춰보는 놀이로도 진행하세요.

이렇게 지도해 보세요

공통점 찾기 놀이도 함께해 보세요. 생활용품, 학용품 등 공통점을 가지고 있는 물건 3개를 컵에 담아서 아이에게 보여줍니다. 컵에 들어갈 물건을 1개 더 찾아오라고 이야기해 주세요. 물건이 아니고, 말로 해 볼 수도 있습니다. 빠져야 할 것 고르기 놀이도 해 볼 수 있습니다. 4개를 말해 주고, 그중에서 어색한 것을 고르는 것입니다. 예를 들어, 나비, 비행기, 새우, 벌 중에서는 새우가 어색한 것입니다. 이와 같은 놀이를 통해서 속성에 대해 직관적으로 이해할 수 있도록 합니다.

DAY
090 반복되는 규칙 찾기

속성과 규칙

'패턴'이라는 것은 일정한 순서에 의해 무언가가 반복되는 것을 말하지요. 이러한 패턴을 이해하기 위해 앞선 활동에서 분류하기 등으로 기준을 정해서 나눠보는 연습을 했습니다. 이런 놀이는 사물 간의 관계를 이해하여 예측하는 능력을 향상시킵니다. 다양한 규칙을 알아보는 활동을 해 봅시다.

준비물 10구 달걀판 2개

이렇게 학습해 보세요

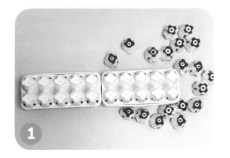

1 Day 083처럼 달걀판과 달걀판 뚜껑을 칠한 것을 준비합니다.

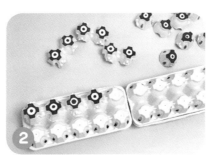

2 색칠한 달걀판 뚜껑이 2개로 연결된 것을 선택하여 AB 형태로 나열하여 봅니다. 엄마가 먼저 두고 아이가 뒤를 이어 두게 합니다. 2개로 묶여 있는 형태라서 아이가 잘 인지하여 놓게 됩니다.

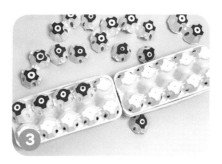

3 색칠한 달걀판 뚜껑 한 개로 되어 있는 것을 이용하여 ABB 형태로 엄마가 먼저 나열하고 아이가 뒤를 이어 두게 합니다.

4 이번에는 AAB 형태로 뚜껑을 엄마가 먼저 두고 아이가 뒤를 이어 두게 합니다.

5 이번에는 AABB 형태로 뚜껑을 엄마가 먼저 두고 아이가 뒤를 이어 두게 합니다.

6 엄마가 어떤 규칙으로 진행하고 있는지 처음엔 알려 주지 말고, 아이가 먼저 사고하게 해 주세요.

이렇게 지도해 보세요

규칙은 아이에게 설명을 통해서 가르치기가 쉽지 않습니다. 규칙을 가르치는 가장 좋은 방법은 꾸준한 노출입니다. 일상생활에서 일어나는 단순한 반복적인 것을 함께 관찰하고, 이를 통해서 엄마와 아이가 규칙을 만들어서 서로 비교해 보기해 보는 것만으로 큰 학습 효과가 있습니다. 많이 보여 준다고 생각하고 놀아 주세요.

속성과 규칙

종이를 잘라 개수 찾기

규칙이 도형의 증가만을 보는 규칙도 있지만 사고력 수학에서 자주 등장하는 나무 톱질 횟수를 묻는 문제처럼 한 번 꼬아내는 경우가 있습니다. 이런 문제를 처음 접하면 아이들이 힘들어합니다. 종이와 가위로 다양한 사고를 늘릴 수 있는 규칙 찾기 놀이입니다.

준비물 종이, 가위

이렇게 학습해 보세요

1 종이 한 장과 가위를 준비합니다.

2 아이 스스로 가위로 종이를 길게 오려 준비합니다.

3 가위질을 몇 번 하면 해당 종이 조각이 나오는지 알아보는 놀이입니다. 아이 에게 긴 종이를 두 개로 만들려면 가위 질을 몇 번 해야 하는지 물어보고, 엄마 가 먼저 보여 주세요. 그리고 아이에게 세 조각이 나오려면 몇 번의 가위질을 해야 하는지 묻고 예상하게 해 주세요. 그리고 잘라 봅니다.

4 이번에는 5조각의 종이가 나오려면 몇 번의 가위질을 해야 하는지 물어보고, 아이가 머릿속으로 상상하여 답을 말해 보도록 합니다. 그리고 자르게 합니다.

5 아이와 오린 종이를 규칙적으로 정리하 면 가위질의 횟수는 나오는 조각에서 1 번이 적음을 알 수 있습니다. "종이 조 각이 2개 나오려면 1번 자르면 되네", "3개 나오려면 2번 자르는구나"이런 식으로 규칙을 알려 주면서 보여주세 요. 그리고 저각 수를 올려가며 질문하 세요.

이렇게 지도해 보세요

Day 091은 초등 학생들이 푸는 문제를 활동으로 구성한 것입니다. 간격과 사이의 개수에 관한 문제입니다. 나무막 대를 3번 자르면 막대는 4조각으로 잘라지고, 훌라후프를 3번 자르면 3조각으로 잘라집니다. Day 091에서 나무막 대를 자를 때 자르는 횟수보다 조각의 개수가 1 크다는 규칙으로 살펴본 것이죠. 고리나 원처럼 이어져 있는 것을 자 르면 자르는 횟수와 조각의 개수는 같습니다.

DAY

092

모양이 커지는 규칙

속성과 규칙

쌓기나무를 통해 위, 아래, 왼쪽, 오른쪽으로 쌓기 나무의 개수와 모양이 어떻게 변하는지 관찰하면 일정한 규칙을 찾을 수 있습니다. 평면적인 규칙의 변화가 아닌 입체의 변화 규칙을 심화하여 관찰할 수 있습니다.

준비물 쌓기나무

이렇게 학습해 보세요

1

쌓기나무를 여러 개 준비합니다.

2

옆으로 나란히 두면서 1개, 2개, 3개로 점점 개수를 늘려 봅니다. 평면에서 수가 점점 많아지는 규칙을 알 수 있습니다.

3

이제 위로 차례대로 세우며 쌓아 봅니다. 엄마 입장에서는 쉬워 보일 수 있지만 아이에게는 새로운 시각으로 접하는 부분입니다.

4

이제는 평면에서 단순히 옆으로 나열하는 개수의 변화가 아니라 모양을 만들며 늘어나는 변화를 보여 줍니다. 단순한 규칙처럼 보이지만 아이마다 그 규칙을 찾는 데 오래 걸리기도 합니다.

5

이제는 위로 쌓으며 모양을 만들어 입체적으로 변화는 형태를 보여줍니다. 다양한 공간을 활용하여 규칙 찾기를 하면 좋습니다.

6

단순히 쌓아 올리는 것이 아니라 스스로 형태를 만들어 보며 확장하는 놀이로 쉽게 보면 안 됩니다. 아이가 스스로 답을 찾을 수 있도록 시간을 주기 바랍니다.

이렇게 지도해 보세요

초등학교 경시대회나 영재교육원 선발 시험에서 규칙 문제가 자주 나옵니다. 모든 수학은 규칙으로 이루어져 있고, 규칙을 잘 이해하는 학생이 대체로 수학을 더 잘합니다. 교과를 넘어서 뛰어난 학생을 가리는 시험에 규칙 문제가 자주 나오는 것도 규칙을 잘 찾는 것이 논리적인 사고와 관련이 있기 때문입니다.

DAY 093

속성과 규칙

달걀판 규칙 만들기

패턴을 찾는 연습은 아이들이 생각보다 힘들어 합니다. 반복되는 구간을 '마디'라고 합니다. 마디의 변화를 보는 눈을 키워야 합니다. 다양한 관찰력과 직관력을 키워주는 연습이기도 합니다.

준비물 10구 달걀판 2개, 탁구공

이렇게 학습해 보세요

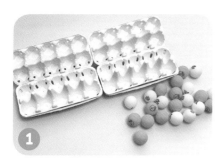

1 10구달걀판 2개와 탁구공을 준비합니다. 탁구공이 없으면 색이 있는 장난감도 좋습니다.

2 달걀판 2개를 옆으로 해서 AAB 형태의 마디 반복을 보여주고 아이가 다음을 연결하게 해줍니다.

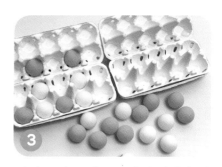

3 마디를 찾는 연습을 위해 다양한 변화를 주며 아이가 다음을 예측하게 합니다.

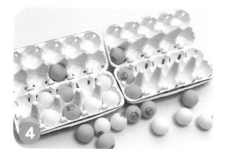

4 마디의 형태가 길어지면 아이가 헷갈려 합니다. 아이가 처음에 어려워하면 엄마가 놓을 때마다 색이나 수로 힌트를 주면서 하면 쉽게 접근합니다.

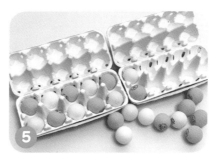

5 마디의 규칙이 이제 타일의 형태처럼 놓아 봅니다. 처음에는 윗줄과 아랫줄로 볼 수도 있지만, 아이와 놓는 과정을 함께하면 아이가 마디를 찾는 데 쉬울 겁니다.

이렇게 지도해 보세요

달걀판 전체를 채우는 규칙을 만들어 보아도 좋습니다. 두 가지 색만 가지고, 이웃한 색깔이 다른 규칙을 만들거나 여러 가지 패턴을 만들면서 놀 수 있습니다. Day 090에서 일렬로 나열하는 규칙보다 직관적으로 얻을 수 있는 정보가 더 많기 때문에 보통은 전체를 채우는 규칙을 더 쉽게 느낍니다. 다양하게 규칙을 만들다 보면 규칙을 이용하여 채우는 것에 재미를 느끼고 다양한 규칙을 스스로 만들어 보는 아이들도 있습니다.

DAY 094

확인학습
속성과 규칙을 학습해요.

 1 서로 짝이 되는 옷을 선으로 이어 보세요.

 2 다음 중 나머지 3개와 어울리지 않는 것을 찾아 X표 해 보세요.

3 규칙을 참고하여 색연필로 빈칸에 알맞은 색을 칠해 보세요.

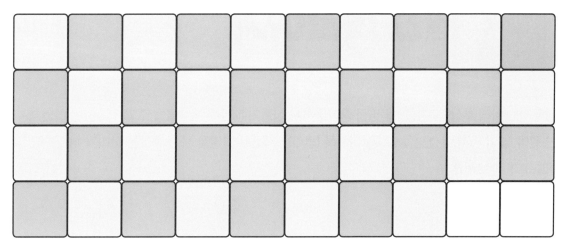

4 규칙을 참고하여 색연필로 빈칸에 알맞은 색을 칠해 보세요.

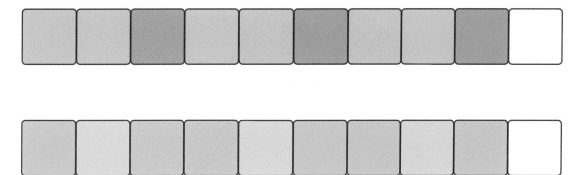

5 규칙을 참고하여 빈 곳에 적절한 모양을 그려 보세요.

DAY 095 물건 비교하기

비교하기

유아 단계에서는 아직 추상적인 개념을 직접 받아들이기 힘들기 때문에 구체물을 주고 비교하게 하면서 추상적인 개념인 길이, 넓이, 두께의 개념을 받아들이도록 합니다. 사물로 설명을 해 준 후에는 아이가 직접 다른 다양한 물체를 비교하게 해 보세요.

준비물 종이, 다양한 물건

이렇게 학습해 보세요

① 집에 있는 물건과 종이들을 다양하게 오려 준비합니다.

② 길이가 다른 종이를 준비하여 '길다'와 '짧다'의 의미를 알려 줍니다. 비교는 언제나 기준점이 동일해야 함을 알려 주세요. 하단부의 위치를 동일하게 두고 비교해 주세요.

③ 크기가 다른 종이를 맞대어 비교합니다. 넓이에서 '넓다'와 '좁다'의 의미를 알려 줍니다. 넓이 비교는 가장자리를 맞대어 비교해 주면 한눈에 확인이 가능합니다.

④ 두께가 다른 물건을 맞대어서 '두껍다'와 '얇다'의 표현을 알려 주세요.

⑤ 옆에 표에서 보는 수학적 비교 표현을 이용하여 다양하게 알려 주세요.

비교	표현	
길이	길다	짧다
높이	높다	낮다
키	크다	작다
거리	가깝다	멀다
깊이	깊다	얕다
두께	두껍다	얇다
넓이	넓다	좁다
무게	무겁다	가볍다
들이	많다	적다
빠르기	빠르다	느리다
색	진하다	연하다
둘의 상대 비교	더 ~	더 ~

이렇게 지도해 보세요

어른들도 비교하는 말을 정확하게 사용하지 못하는 경우가 있습니다. 본문에서 유아를 대상으로 하기에는 어려운 표현이라 뺐지만 너비(폭)은 '넓다/좁다', 굵기는 '굵다/가늘다'로 비교합니다. 굵기를 '굵다/가늘다'가 아니라 '두껍다/얇다'로 사용하는 것은 정확하지 않은 표현입니다. 이와 같은 표현을 집안의 물건을 가지고 아이와 함께 재미있게 알아보세요.

레고로 길이 재기

앞선 놀이에서는 수학에서 나오는 비교 표현들을 간단하게 살펴보았습니다. 여기에서는 길이를 재는 방법 중 한 가지 도구로 길이 재기 또는 두 가지 이상으로 길이 재기를 하면서 길이에 대한 사고를 늘려 보겠습니다.

준비물 같은 크기 레고 3개, 다양한 물건(길이를 재보고 싶은 물건이면 됩니다.)

이렇게 학습해 보세요

① 같은 크기의 레고 3개와 아이가 사용하는 다양한 물건들을 준비합니다.

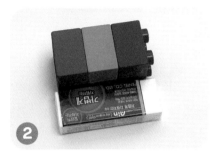

② 제일 짧은 길이를 가진 물건을 찾아보고 그것을 기준으로 정합니다. 지우개는 레고 3개와 동일한 길이입니다.

③ 길이가 긴 풀은 레고보다 긴 물건으로 재는 것이 빠르지요. 지우개 2개와 동일한 길이입니다. 그렇다면 아이에게 목공 풀이 레고 몇 개의 길이와 동일한지 물어보세요.

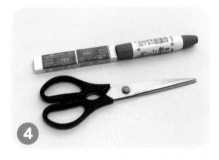

④ 제일 긴 가위의 길이를 재려면 긴 물건으로 재면 편합니다. 풀과 지우개 2개의 길이와 같습니다. 아이에게 지우개 몇 개가 모이면 가위의 길이와 같아지는지 물어봅니다.

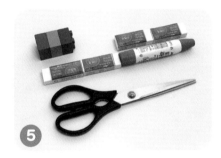

⑤ 아이에게 생각할 시간을 주고, 풀을 지우개로 변경하고, 지우개를 레고로 변경하는 과정을 보여 주면서 길이를 재어 봅니다.

이렇게 지도해 보세요

두 물건의 길이, 무게, 들이 등을 비교하는 방법은 크게 2가지로 나눌 수 있습니다. 첫 번째는 둘을 직접 비교하는 방법이고, 두 번째는 다른 도구나 물건을 이용하여 비교하는 방법입니다. 길이를 비교할 때 서로 대어 보는 것이 직접 비교라면 자를 이용하거나 뼘을 이용하는 방법도 있는 것이지요. 이 놀이와 같이 기준이 되는 도구를 사용하여 길이를 재는 것을 잘 이해한다면 자를 이용하는 방법을 가르쳐 주어도 좋습니다.

DAY 097

비교하기

고무줄 저울

무게를 비교하는 방법은 여러 가지가 있습니다. 아이들에게 다양한 방법으로 이해하게 하면 좋습니다. 이번 활동에서 사용할 고무줄 같은 경우 용수철의 원리와 비슷한데 주변에서 쉽게 구할 수 있고 아이들이 가지고 놀기도 쉬워서 자주 활용이 된답니다.

준비물 일회용 투명 종이컵, 고무줄, 다양한 물건(무게를 비교하고 싶은 물건)

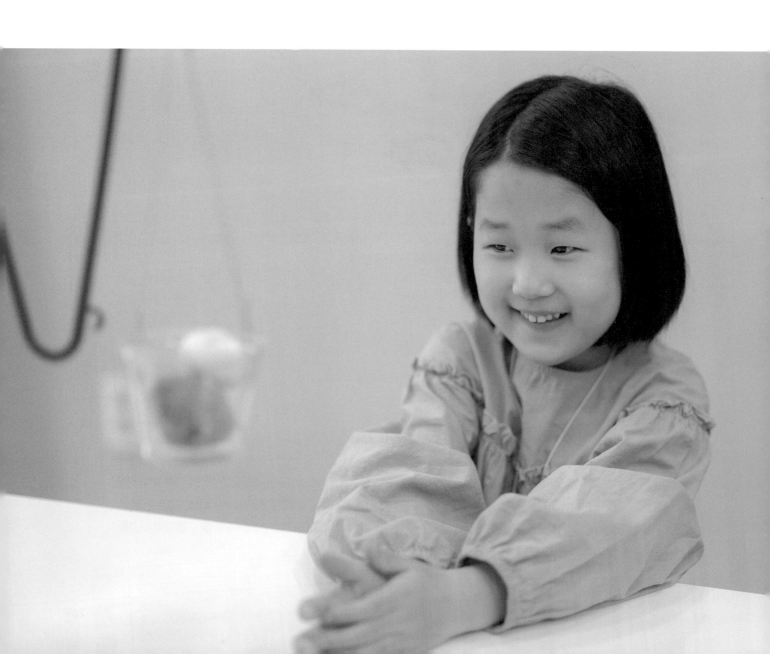

① 일회용 투명 종이컵에 고무줄을 연결하여 빈 고무줄 저울을 만듭니다. 그리고 아이가 무게 비교를 할 물건들을 다양하게 준비합니다. 무게가 나가는 물건이 좋습니다.

② 빈 고무줄 저울을 걸어서 늘어난 곳의 위치를 체크해 두세요.

③ 참외 같은 과일을 넣어서 컵이 내려간 곳을 체크해 두세요.

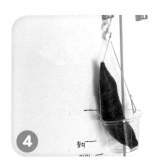

④ 손으로는 가늠하기 힘든 참외와 비슷한 무게인 고구마를 저울에 올립니다. 내려간 위치를 체크해 두세요.

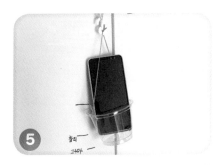

⑤ 핸드폰 무게는 아이가 먼저 손으로 가늠해 보고 어느 것과 비슷할지 예상해 보고 직접 올려 체크해 봅니다.

⑥ 이렇게 아이와 다양한 물건의 무게를 체크하면서 무거운 물건과 가벼운 물건을 비교도 하고 예측도 하는 시간을 가지면 좋습니다. 아이가 스스로 더 다양한 무게 재기에 도전하게 하세요.

이렇게 지도해 보세요

초등 수학의 5대 영역은 수와 연산/도형/측정/규칙성/자료와 가능성입니다. 비교는 초등학교 1학년 수학 교과서에서는 측정을 "비교하기"라는 단원에서 공부합니다. 이 단원에서는 비교하는 말을 알고, 비교를 통해서 길이, 무게, 넓이, 들이의 개념을 직관적으로 받아들일 수 있습니다. 가정에서도 여러 가지 물건의 길이, 무게, 넓이, 들이를 비교하는 활동을 다양하게 해 보세요.

DAY 098

비교하기

옷걸이 저울

앞선 놀이에서는 무게를 재면서 예측하고 확인하는 것을 경험했습니다. 이때 양팔 저울은 물건의 무게 비교를 하는 초등 수학에서 시작하여 중학교에서 배우는 방정식과 부등식의 개념까지 연결하여 배울 수 있는 도구입니다. 아이들이 작동하기 쉬운 것으로 만들어 시소의 원리를 알려 주고자 합니다. 무거운 쪽은 아래로 내려가고, 가벼운 쪽은 위로 올라갑니다. 만약 양쪽의 무게가 같다면 저울은 수평을 이룹니다.

준비물 옷걸이, 투명 컵, 무게를 비교할 물건

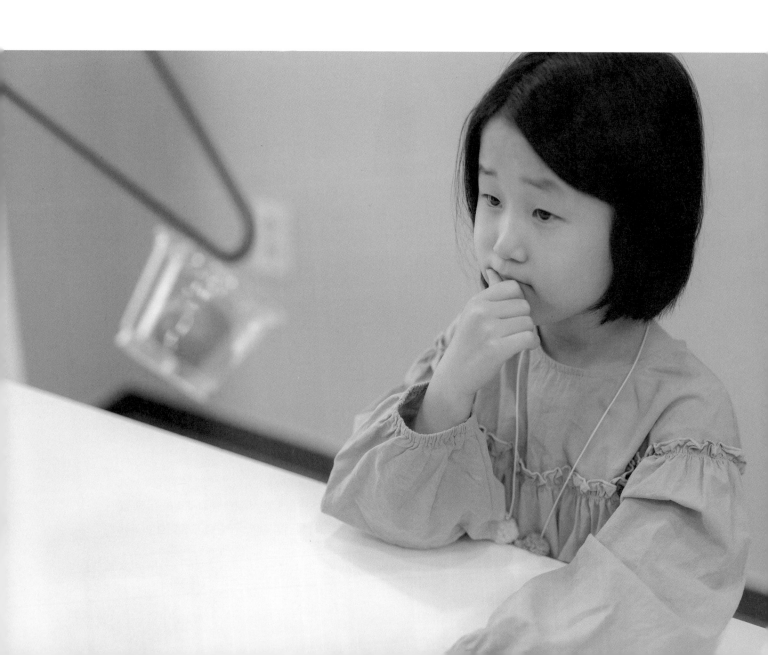

🖊 이렇게 학습해 보세요

1 옷걸이와 투명 컵. 그리고 저울로 비교하고자 하는 물건들을 준비합니다.

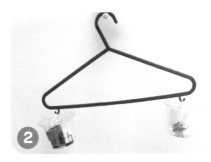

2 쌓기나무의 개수를 기준으로 하여 물건의 무게를 재게 합니다. 쌓기나무 5개는 지우개보다 무겁습니다. 그러면 수평으로 만들려면 어떻게 해야 하는지 아이에게 물어보세요.

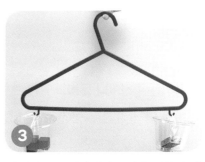

3 쌓기나무를 제거하면 수평을 맞추게 됩니다. 쌓기나무 3개와 지우개의 무게가 동일하게 됨을 알 수 있습니다.

4 다른 물건(큐브)를 넣어서 쌓기나무로 무게를 재어 봅니다. 쌓기나무 7개와 큐브가 동일한 무게임을 알 수 있습니다.

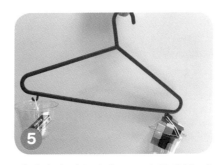

5 아이에게 지우개와 큐브의 무게 중 어느 것이 무거운지 물어보고 직접 재 봅니다.

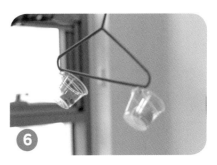

6 쌓기나무로 단위 무게를 이용했으니, 아이에게 지우개와 큐브를 함께 올리면 쌓기나무가 몇 개 필요한지 물어보세요. 다양한 조합으로 아이와 무게를 재어 보면 부등식을 자연스럽게 이해하게 됩니다.

이렇게 지도해 보세요

이 놀이에서 옷걸이를 이용한 무게 재기는 Day 097의 고무줄 저울을 이용한 무게 재기와 다릅니다. 여기에서는 옷걸이라는 도구를 사용하지만 둘을 직접 비교하는 것이고, 고무줄 저울을 사용하는 방법은 직접 비교하는 것이 아니라 고무줄로 무게를 나타내는 간접 비교입니다. 그렇기 때문에 고무줄을 이용하는 방법이 더 많은 물건의 무게를 쉽게 비교할 수 있음을 이야기해 주어도 좋습니다.

DAY 099

큰 그릇 찾기

들이는 주전자나 물병과 같은 그릇 안쪽 공간의 크기를 말합니다. 그릇 안에 얼마의 양이 들어갈지 알아볼 때 쓰는 말이랍니다. 두 병에 동일한 물체를 가득 채우고 모양과 크기가 같은 그릇에 각각 옮겨 담은 후 어느 쪽이 더 많은지 비교해 보면 어느 병의 들이가 더 큰지 알 수 있답니다. 아이들과 다양한 그릇으로 들이 비교를 해보겠습니다.

준비물 곡물, 다양한 모양의 그릇

이렇게 학습해 보세요

곡물, 다양한 그릇, 그리고 기준이 되는 작은 그릇 하나를 준비합니다.

그릇의 형태만 보고 어느 것이 많이 들어갈 수 있는지 아이가 직접 줄을 세워 보게 합니다.

아이와 엄마가 각각 손으로 그릇에 곡물이 얼마나 들어가는지 넣어 보면서 들이를 살펴봅니다. 큰 그릇인데 엄마 손으로는 두 번, 작은 그릇인데 아이 손으로는 세 번 들어가면 아이에게 "세 번 넣어준 게 많은 걸까?" 하고 물어보세요.

기준 없이 쌀을 넣으면 어느 것이 들이가 큰지 알 수 없습니다. 제일 작은 컵을 기준 컵으로 정해서 들이가 큰 그릇을 골라 보고 기준이 되는 컵으로 부어 봅니다.

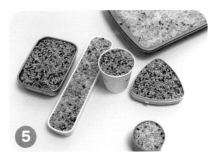

나머지 그릇은 기준 컵으로 얼마나 들어가는지 확인해 봅니다. 기준 컵으로 넣은 그릇을 들이가 많은 것부터 적은 것을 나열하게 합니다.

들이를 비교할 때 쓰이는 기준 그릇은 동일해야 하죠? 아이와 그 이유를 이야기해 보세요. 동생과 형이 맛있는 오렌지 주스를 나눠 먹는데 형은 작은 컵으로 10잔, 동생은 큰 컵으로 10잔으로 주면 안 되겠지요. 공평하게 나누기 위해 정확한 기준이 필요합니다.

이렇게 지도해 보세요

'부피'와 '들이' 두 용어를 혼용해서 사용하는 경우가 있습니다. 함께 사용할 수도 있지만 같은 뜻은 아닙니다. '부피'란 공간에서 차지하는 크기를 말하고, '들이'란 그릇 등에 물과 같은 것을 담을 수 있는 양으로 그릇에 들어갈 수 있는 물건 부피의 최댓값을 말합니다.

확인학습

비교하기를 학습해요.

 1 둘 중에서 더 긴 것에 ○표 해 보세요.

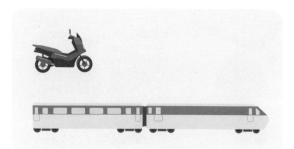

 2 키가 큰 순서대로 □ 안에 1, 2, 3을 써 보세요.

정답: 220페이지

 3 ?에 들어갈 알맞은 물건을 골라 보세요.

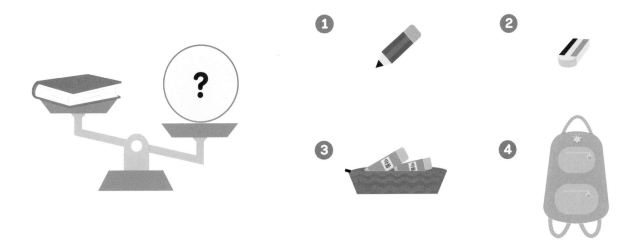

 4 둘 중에서 더 무거운 것에 ◯표 해 보세요.

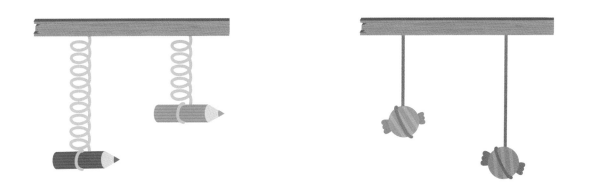

 5 한 그릇에 물을 가득 채워 다른 그릇에 옮겨 부었어요.
두 그릇 중에 물이 더 많이 들어가는 그릇을 골라 보세요.

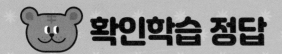
DAY 009

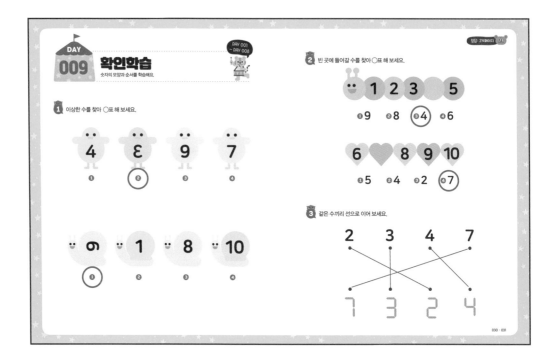

DAY 019

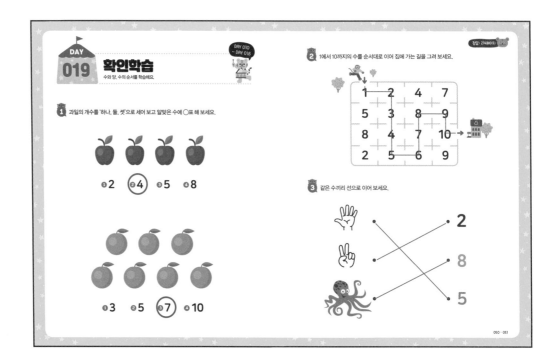

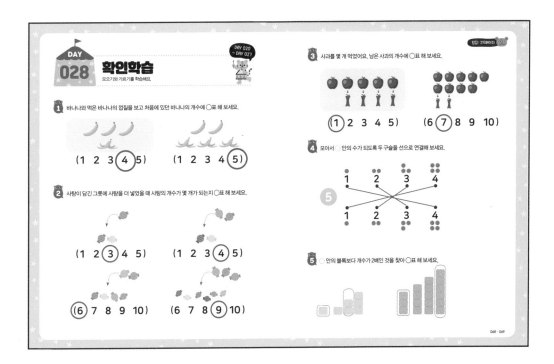

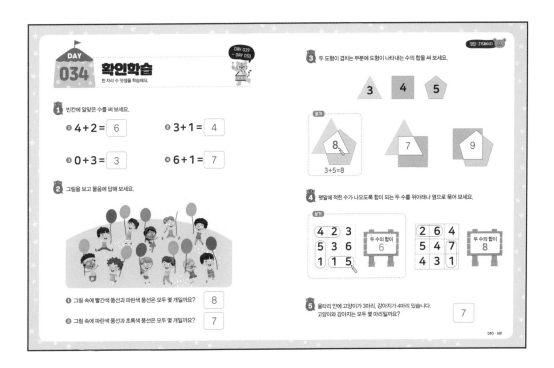

확인학습 정답

DAY **040**

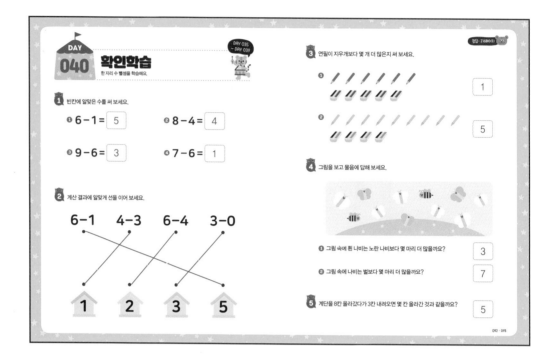

DAY **048**

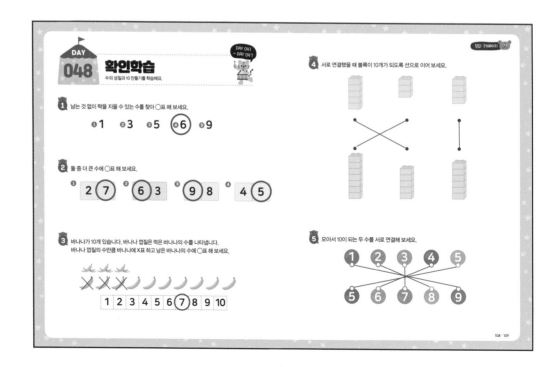

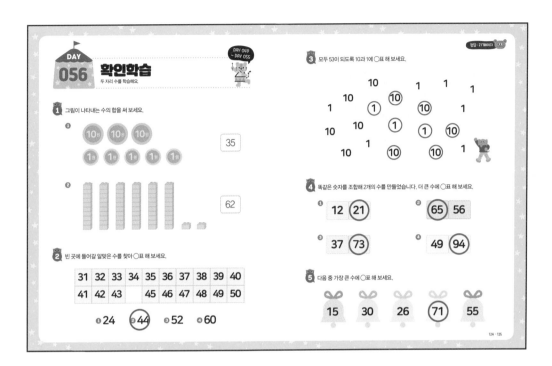

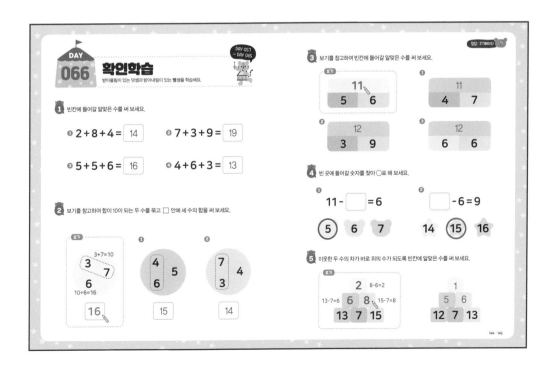

확인학습 정답

DAY 070

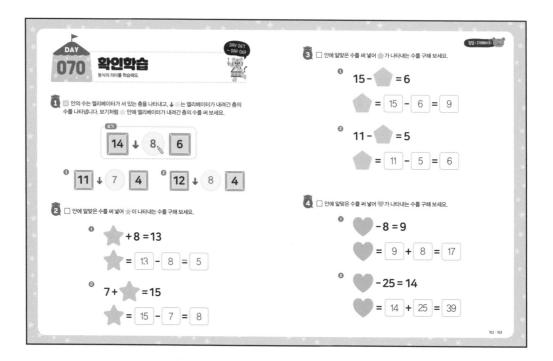

DAY 080

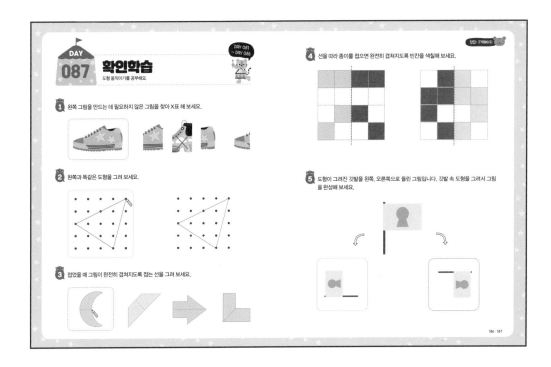

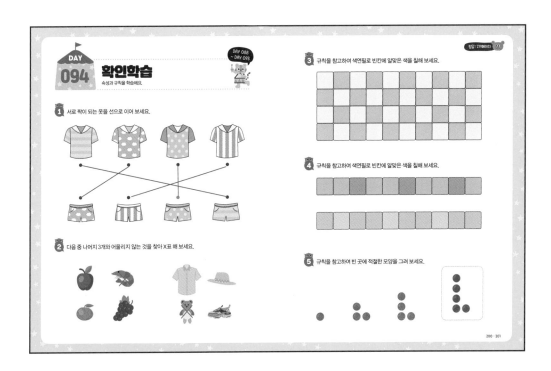

확인학습 정답

DAY 100

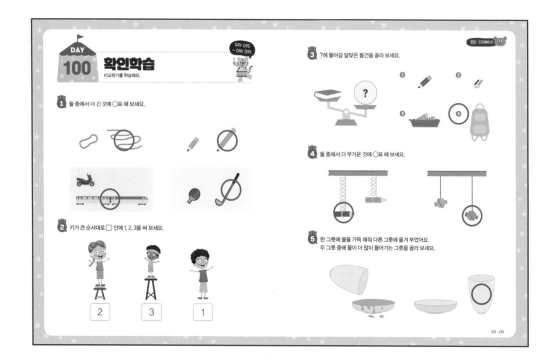

엄마와 함께하는
재미있는 수학놀이